贏在奇異

威爾許的管理智慧

王奕尹——編著

管理得越少，公司越好。

不改變，必遭淘汰，但不斷改變卻招致一事無成。

唯一方法就是堅持一致，簡單定義你的概念。

一致、簡化和重複，就這麼簡單。

【總序】

全球第一職業經理人

傑克．威爾許是世界上最受人稱道的職業經理人，被譽為「二十世紀最偉大的CEO」。他擔任奇異公司（General Electric）董事長與首席執行長長達十七年，儼然已成為全球性的傳奇人物。他親手為美國企業界的重組，畫下了一張極具價值的藍圖，他也因此被評為「有史以來最為傑出的經營領導者」之一。

《時代》、《財富》以及《商業周刊》等諸多一流雜誌，都載有大量對他的溢美之詞。他所領導的奇異公司，更是首次被《財富》雜誌評為「美國最受推崇的公司」。這個榮譽的獲得，很大程度上就是因為奇異擁有威爾許這樣一位好的船長。用超級投資家華倫．巴菲特（Warren Buffet）的話來說，「人們是在為藝術家投票，而不是為畫本身」。用《財富》雜誌的話來說，奇異贏得的這項獎，是對威爾許的尊敬，「他通過把奇異建設得既龐大、靈活又頗具盈利能力，改寫了經營管理學的教科書。威爾許和奇異得到這項榮譽，不僅歸功於他們十七年來做的一切，還歸功於他們避免的一切。自一九八一年以來，幾乎所有別的公司——埃克森、福特、通用汽車、施樂百、IBM、菲利普等公司都遇到了困難，一度輝煌的西屋公司已經解體。奇異卻保持了它的地位，並且越來越好。」它又引用巴菲特的話說：「人們尊敬威爾許，因為他在奇異所做的一切，如果他在IBM並且只是保持它的領先地位，就不會有這項殊榮了。在威爾許之前，我們認為奇異也是又大又好，但不是巨無霸。」

威爾許初掌奇異時，奇異的銷售額為二百五十億美元，盈利十五億美元，市場價值在全美上市公司中僅排名第十，而到一九九八年，奇異實現了一千零五億美元的收入和九十三億美元的盈利，市場價值已經居世界第二。威爾許初掌奇異時，奇異旗下僅有照明、發動機和電力三個事業部在市場上保持領先地位，而如今已有十二個事業部在其各自的市場上數一數二，如果單獨排名，奇異有九個事業部能入選《財富》五百強。

上述傳奇般的業績是如何取得的呢？《商業周刊》宣稱，是威爾許所制定的「與其他首席執行長反其道而行的黃金律則」。威爾許經過提煉，挖掘一系列經營策略並貫徹實施，將奇異塑造成為二十世紀末全美最成功的企業。這些經營策略已成為他的專利或標誌：

・做生意很簡單

・不要把經營搞得過於複雜
・面對現實
・不要懼怕變革
・打破官僚機制
・消除等級界限
・運用員工的智慧
・尋求致勝良方

這些策略，正是威爾許在進行公司變革時所運用的思想利器。而今，在經過了二十年殘酷無情的騷動混亂後，奇異公司依舊可以維持在管理最佳、盈利最多的企業領先群中。在美國，只有少數類似奇異這般年資的企業，能夠保有這樣的成果，並且成爲全球地區令人敬畏的競爭者。許多管理專家指出，威爾許所做的這些事，不僅是爲了奇異的利益著想，同時也是爲了國家利益著想。屆時，許多企業的領導者將被迫跟隨著他的腳步，用科學技術的眼光整頓他們的公司，朝著國際的競爭方向前進。

威爾許在擔任奇異首席執行官期間，他首創並實施了三項在當時還聞所未聞的經營策略。他對公司的業務進行了重組，堅持只保留那些能夠充分佔有市場佔有率的，且在所處領域的排名在前兩位之內的業務品種。他大幅度裁員，這結束了奇異公司以及其他美國的大型企業從不裁員的傳統。他賣掉了十二億美元的資產，購進了二十六億美元的其他資產。同時他將奇異的員工，從四十一萬二千削減到僅僅二十二萬九千人。最後，他精減了奇異的行政管理層：當威爾許接手奇異時，每一個業務部門有九至十一層組織機構；十年之後，已被削減到四到五個層次。

有些觀察家宣稱，威爾許對奇異公司最大的貢獻，在於他將科技與市場作了完整的契合；另一些人則說，作爲一個改革者，他把民主和一般工作者的心聲，帶進企業的競技場中，同時也將奇異推向一個全球的領導地位。

二十年來，威爾許駕馭著湯馬斯．愛迪生創建的公司，把一個嚴重倚重於老式製造業的工業巨人，轉變成爲一部高速運轉的發動機，使它具備了強大的競爭實力、全球性戰略思維，以及以服務業爲先導的發展思路。正如《商業周刊》所言：「傑克．威爾許已經成功地掃除一個美國主要公司過去存在的官僚主義積弊，並將家長式的統治作風，轉變爲一種永爭第一的強悍風格。不管你喜不喜歡，美國也將會有更多的公司，依循著奇異的管理模式而行。」

贏在奇異

CONTENTS

目錄

全球第一職業經理人

CONTENTS

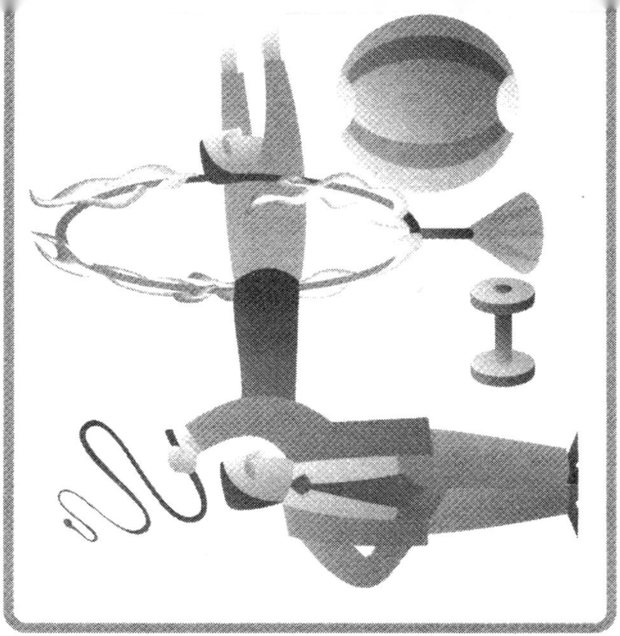

像個領導人╲領導市場

Part 1

像個領導人╲領導市場

PART 1

第1章　像個領導人／領導市場

長久以來，美國企業界存在著一種傳統認識，那就是管理者只要能監督部下工作就行了。

監視。

監管。

監控。

「管理者」與「領導者」的區別

由低層和高層經理們組成的整個公司管理層，只是互相交談，互相發出便函，到處舉辦高層會議。確信基層的工作——工廠裏和其他地方——運行正常。

那就是經理們應該做的一切。

不是激勵，不是給基層經理們提供自己做決策的機會。不是直接接觸那些眞正生產出公司的產品的人們。

威爾許鄙視這些官僚管理者，在威爾許的腦中，管理者和領導者不僅僅是一種

簡單的概念區別。他上任初期，奇異公司僅具有正式「經理」頭銜的人就多達二萬五千人。與其他美國大公司裏的「管理者」一樣，他們精通「數字」，可以編制出各種精美的圖形、表格等等，卻對產品、服務或顧客所知甚少，甚至漠不關心。他們的成功只能表現在數字上。他們擴大了本身的領土，但對屬地內的各企業一無所知，對員工的激勵和恐懼也全無瞭解。在這種領土內負責企業營運的管理人員，知道本身的成績要按財務標準來衡量，而非按照是否提高了技術水準、製造出質量最優異的產品，或是否受到顧客的尊崇。一位管理人員如果把精神大都放在「數字」而不是企業上，這個企業就會退化。這種情形在以往十年中，已經重複出現不下一百次。

什麼是管理一家大型公司的正確方法呢？更確切地說，對於奇異這樣多元化的公司，如何去管理眾多的事業部和成千上萬的員工？怎樣有效地管理那些員工們，使他們達到高生產率？應該事事過問，還是下放權力？傑克．威爾許反覆斟酌、謹慎考慮了這些問題，並且得出了一個看上去自相矛盾的結論。

管理越少，公司情況越好。

如果他打算使奇異在一個日趨複雜、競爭日趨激烈的經營環境中獲得成功的話，他就不得不完全改變經理們開展工作的方式。他當然首先應放手自己的工作。

威爾許想把「經理」這個詞一併淘汰，因爲它意味著「控制而不是幫助，複雜化而不是簡單化，其行爲更像統治者而不是加速器。」

「一些經理們」，威爾許說，「把經營決策搞得毫無意義的複雜與瑣碎」。

他們將管理等同於高深複雜，認爲聽起來比任何人都聰明就是管理。他們不懂得去激勵人。我不喜歡「管理」所帶有的特徵——控制、抑制人們，使他們處於黑暗中，將他們的時間浪費在瑣事和彙報上。緊盯住他們，你無法使人們產生自信。

管理者把事情弄糟，領導者激勵員工

管理者們互相交談、互相留言。領導者跟他們的員工談話，與他們的員工交談，使員工的腦海中充滿美好的景象，使他們在自己都認爲不可能的地位層次上行事，然後（對威爾許來說，這是一個關鍵成分）領導者們只要讓開道路就行了。

我們已經選擇了世界上最簡單的職業。多數全球性的業務只有三至四個關鍵性競爭對手，如果你瞭解他們的情況，對於這項業務，你沒有太多的事情可做，情況並不像要你在兩千個選項中進行選擇那麼複雜。

對威爾許來說，經營一個成功企業的秘訣，在於確信企業所有的關鍵決策者，瞭解所有同樣關鍵的實際情況。威爾許說，問題是他們沒有得到同樣的資訊；他們有自己不同的資訊源，而與其他重要的資訊源隔絕。

但是，即便是得到同樣的資訊，人們是否依然會得出不同的結論呢？「這對於定量問題來說很罕見，」威爾許說，「在經營活動方面很罕見。我談論的不是房子的顏色和椅子是否美觀。我談論的是經營決策。」

但即使是在企業之中，有可能把每件事情量化嗎？

你可以將其量化到足以決定策略性的方向就夠了。我是說，你可以清楚的定義出足夠的參數，作爲思考策略的依據。當你達成某種結論時，整個團隊通常就會爭著通過。

爲了鼓勵員工具備承擔風險的勇氣，威爾許自有其獨到之處，那就是「獎勵失敗，不只是獎勵成功」。他強調，「我們必須讓員工明白，只要你的理由、方法都是正確的，那麼，即使結果是失敗，也是值得鼓勵。」可舉一件事作爲實例：有一項二千萬美元的投資計畫，曾因爲不可預測的市場因素變化而導致失敗，但推動該計畫的經理仍然得到升遷和紅包，而參與該計畫的七十位職員也每人獲贈一台錄影機。

「容許失敗」，這是積極向上和富於創新精神的環境的典型特徵之一。這種經驗教訓直接來自上層領導。在一種經他批准研製、耗資一千萬美元的新型洗衣機，被人諷刺爲「除了不能洗衣，別的什麼都能做」之後，威爾許公開承認，「是我批准了這個專案。這不是我唯一的失敗。」

通過這類方式，奇異公司內的各產業集團中，形成了一種「開拓或再開拓的小氣候」。威爾許要求每個下屬都要清楚自己的價值，同時也注意給他們創造出能實現這些價值的環境。他就是這樣來鼓勵同僚們，和他一起建設奇異公司的未來的。

超級領導者

威爾許曾經自豪地說：「我經常到事業所在地去，聽取主管的簡單彙報，瞭解他們的想法和做法。我們也定期召開『企業決策者會議』，各事業的領導人會到奇異總部來進行為期兩天的會議。基本上，我並沒有親自去經營這十三個主要事業。我只是選擇最適當的人，讓他們去經營，而我有能力去察覺他到底做得好不好。」

傑克．威爾許認為，擅長於簡化問題的企業主管，應該知道向下屬提出什麼樣的問題：

1、你所面臨的全球競爭環境如何？

2、在最近三年中，你的競爭對手做了什麼？

3、在同一時期，你是怎樣做的？

4、他們在將來可能對你構成什麼樣的威脅？

5、你超越他們的計畫是什麼？

這就是管理的全部。經營著強大的奇異公司以及它的十二個主要事業部，傑克．威爾許看上去不像普遍意義上的管理者，他顯得更像是一位超級領導者。

那麼，超級領導者作為一位主要業務的監督管理人，他的主要任務是什麼？

「我的工作，是為最優秀的職員提供最廣闊的機會，同時將資金作最合理的分配，投入到最適宜的地方去。那就是全部。傳達思想，分配資源，然後讓開道路。」

他不會參與決定電冰箱的樣式。他把那留給專家們：

我對於怎樣製作一台精彩的電視機沒有一點概念，更不清楚怎樣製作一台發動機，……但是我很清楚誰是NBC的老闆。這才是至關重要的。我的工作是挑選最稱職的人員，並為他們提供資金。這就是遊戲的規則。

對威爾許來說，成功的領導者可以刺激整個組織，並領導組織復原。失敗的領導者在刺激組織之後，卻讓組織陷入癱瘓。差勁的管理者會扼殺整個組織。

他們是工作的殺手，……所以，組織必須一再地重生。我們需要將源源不絕的點子、刺激和能量，灌注到組織裏去。

威爾許強調：好的管理者不必經營公司。「我沒有經營奇異，我領導奇異」。

他不能細部管理像奇異金融服務和NBC這樣數十億美元的大公司：

這樣做太蠢了，我沒辦法這麼做。我知道自己的任務，就是瞭解每個企業的策略性議題，瞭解每個企業面臨的五大問題。我知道他們必須具備哪些能力才能在市場獲勝，我也知道他們需要多少資金。我賭一賭我的眼光。但我知道，我所贏到的已經比我投下的賭注多得多了。

威爾許對手下的企業領導人定下了什麼樣的目標？

我不會規限他們。在過去，他們會設定目標，我也設定目標，然後雙方達成協定。現在，我不是看他們有沒有達成他們的目標，來做爲獎賞與否的依據，而是他們都會因進步而獲得報酬，他們也都知道這一點。在官僚體制的公司裏，他們浪費太多的時間在審定預算上。世界改變得太快，我們負擔不起在官僚體制上所浪費的時間。奇異是不拘形式的公司，我們彼此信任。

在我們每季兩天的會議裏，沒有人打領帶。我們的休息時間有時候會長達一小時，讓大家可以交換意見或想法。每次會議都會找來外面的演講者——不管是沃爾瑪百貨、百事可樂或康佰電腦（Compaq）的老闆。我們一起吃飯、一起暢飲。

我們讓這個地方看起來像是一間家庭百貨商店。

作爲一位二十世紀九〇年代後期的企業領導人，面臨著比早些年高得多的要求，威爾許聲稱：

> 我注意到競爭的激烈程度、全球的溝通、面對現實和認知世界的程度，在一九九七年十二月已經相當深入，超過十年以前，更不用說十五年前了——那時形式化的東西還是很重要的。今天，形式化已不被接受了。全球競爭不接受形式化。
>
> 形式化意味著某人對公司已沒有強烈的興趣——在許多會議上的表現，就是不停地發表演說，對工作心不在焉，把當了董事長作爲事業的終點而非起點。瞧，我的事業明年一月又會重新剛剛開始，以往我做的已經沒有任何意義了，這只是個開始。

「管得少就是管得好」這個觀念，沒有人比奇異的主席更欣賞這個觀念。然而，傑克．威爾許永遠不會說，管理者全然不用管理。他眞正想對主管們說的是：

別陷入過度管理的泥淖，以開創一個遠景來管理——確定你的員工都能朝著這個遠景來努力。

第2章　簡化一致，貫徹指令

威爾許眞正想要的管理者是哪一類呢？

首先，他們必須充滿活力。第二，他們能夠開發並實踐構想——而不只是把理想掛在嘴邊。此外，這或許是最重要的一點，他們必須知道，如何將他們的狂熱像野火般散佈出去，照亮整個公司。

允許員工有更大的自由和責任

讓員工熱中於他們的工作，這是成爲一個優秀企業領導人的關鍵。威爾許說：「激發熱情的方式，是允許員工們有更大的自由和更多的責任。」

一九八七年，威爾許有一次到一個奇異的主要事業經營地去視察，他告訴負責該處事業的經理，「這個事業已經經營得相當不錯，但我覺得它可以做得更好。」

這位經理問道：「是嗎？你可以幫我找到答案嗎？看看我們的盈餘，看看我們的投資收益率，我已經做到每個經理都想做到的事。你到底要我再做什麼呢？」

威爾許老實地回答說，「我不知道答案。我唯一知道的是你可以做得更好，我給你一個月的休假，你完全不要想這裡的事。你回來後，就想著你是剛被任命爲這個事業的經理，而不是已經擔任了四年的經理。你以新的經理的眼光，重新看看所有的作業流程，嘗試以不同的方式，以不同的角度去分析事情。」

這位經理仍然不理解威爾許的意思。他沒有理解到威爾許是要他重新修訂他的工作日程表，重新審視他的業務發展計畫，從一個嶄新的觀點來看問題。威爾許認爲，這些要求對那位經理並不苛刻，但這位基層主管對此毫無頭緒。他不明白威爾許強調的重點，是他應該對他的工作更有激情。一個月後他沒有做任何改變。一年之後，他被革職。

在威爾許的時代工作的奇異公司的經理們，除了要有高度自覺、靈活、有判斷力、充滿活力以外，必須敢於冒任何風險，「歡迎和主動創造變化」，也就是要有開拓與改革精神。更爲重要的是，他們的作用，除了創造有利於公司發展的機會外，就是創造有利於其屬下個人成長和施展才能的環境。

他不僅這樣要求部下，也身體力行。他勤奮努力，每天工作多達十餘個小時；他不拘小節，對資訊如饑似渴，常常打破管理層次的界限，直接向基層索取資料；他被人稱爲是奇異公司歷史上最年輕也是最嚴厲的總裁，卻從不利用職權解決業務上的爭論，而是靠據理據實，分析是非曲直；他爲人坦率、正直，也敢於承認自己的錯誤。

團隊合作

威爾許認爲，中層主管必須是團隊的成員和教練。他們必須扮演促進的角色多於控制，要能激勵和鼓勵員工，知道何時加以獎賞。威爾許舉出一個例子：假設有一家多元化的企業，其中包括了工程、行銷和製造部門，這家公司擁有一位前所未有的最佳製造人才——有優秀成績的人，能準時生產高品質產品的人，但這個人不懂得怎麼樣和工程、製造部門的人溝通。他不會和他們分享想法，也不會和他們一樣無距離地共事。我們以前都會給這種人獎金，因爲他們的成績很好。但現在我們要換掉這種人，改以那些或許不那麼完美，但卻懂得和團隊合作、能提升團隊表現的人。

也許前者能百分之百、甚至百分之一百二十地達成工作，但這個人不和團隊成員溝通，也不跟別人交換想法，結果整個團隊只達成百分之六十五的效能。但新的主管卻能自整體開發出百分之九十或百分之百的效能。這就是一個大發現。

在一九九三年，威爾許開始公開談論，應該開始著手處理那些不能學習成爲團隊一分子的主管。他在公司的年報中指出，在過去，強烈的控制和指導欲望是有利的；這也獲得奇異一個世紀以來的傳統所支援。在這個傳統中，他們會藉由一個人統領多少員工、是不是主管等，來進行自我價值的評量：

我們今天在奇異尋找的是以下的領導者：不論在哪一個級別上，他們能夠激發活力、催人奮進，同時有控制大局的能力，而不是那種使人懈怠、失望，只會控制人的……，我們公司所需要的，是那些不願意花費時間周旋於管理層內部，或者經年累月處於專制獨裁者支配之下的人，他們希望有機會做決策，嘗試新東西，能夠在他們的精神上和物質上都有所回報。

在某些尷尬的情況下，這意味著公司與某些極具影響力的人物分道揚鑣——如候選人海斯曼．特羅菲，他用美國橄欖球式的表達方式——不會配合別人，沒有團隊意識。他們對團體的離心作用，大於他們個人才能所帶來的益處。……直言不諱地說，想與奇異斷絕關係有兩種最快的方法：第一是違反道德原則，第二是做一個控制欲強的、保守的、暴虐的管理者，不願改變，削弱和壓制別人，而不是激發和挖掘他們的活力和創造力。

管理者的類型

在說明奇異的四種主管類型，並評估哪一種最後會成功、何種不會時，傑克·威爾許基本上是建議，要持續在奇異長期工作下去的唯一方法，就是投入自我，成爲團隊的一分子，並接受公司的價值觀和文化。

第一種人能實踐對公司的承諾——在財務上以及在其他方面——並認同奇異的價值觀。威爾許喜歡這一種領導者，也會全力留住他們。他們的未來很清楚——「往上爬、向前進」。

第二種人是雖不能達成他對公司的承諾，但能認同公司的價值觀。雖然多數的企業領袖不能接受這樣的人，但是威爾許卻認爲，這一型人並不是全然不能接受的。他比較關心的是管理者能認同公司的價值觀，而較不在意成績上的資料是否達到要求——他會給這個人任何可以讓他成功的機會：「他們通常會有第二次機會，最好是換個環境再來。」

第三種人不能達成他的承諾（承諾就是「呈現出健全的損益平衡表」），也不能認同奇異的價值觀。他們不是傑克．威爾許這一型的領導人。他們終究會離開公司：「雖然作出這樣的決定一點也不令人愉快，但相當容易。」

第四種主管是能達成對公司的承諾，但不認同奇異的價值觀。這類型的人常讓董事長非常爲難：「他們是最棘手的人。」

到九〇年代後期，威爾許已不怎麼提及對管理者的這四種劃分，而經常談到的是那些管理者們在奇異能否表現良好。如果不附加任何限制條件，每一種類型的命運是清楚的：類型A將被留用並提升；類型B將受到栽培以求提高；類型C將被開除。

在一九九七年一月的業務經理會議上，有公司內部五百位高級經理出席，威爾許提出了一個發自內心的請求，力勸他的同事保持類型A的表現，作一個團隊成員並且贊同公司的價值觀。他同樣迫切地懇求大家，摒棄類型C的行爲——不接受公司的價值觀念體系、無所事事地待在奇異。至於類型B，他希望他們保持原有的生產效率並繼續增長：

你們做了太多工作以便促使C型轉變爲B型，但這是徒勞的。把C型人員放在B類公司或C類公司，他們可能做得很好，……但我們是一個A類型的公司。我們只需要A型選手。我們可以獲得我們所需要的任何人。小心關照你的最佳人員，給他們回報，提攜他們，支付他們合理的薪金，給他們足夠的權力。

不要把所有的時間都花費在試圖使C類人轉變爲B類人員的工作計畫上，盡早解雇他們，這是一種貢獻。

當年秋天，也就是一九九七年九月，在Crotonville的一次談話中，威爾許重點談及A、B、C三種類型的管理者的特徵。他請坐在觀眾席上的奇異基層主管們，給A類型下個定義。

有人激動地說，是「信任」。「對決策的影響力」，另一人喊道。而第三個人說，「致力於尋求充分發揮下級管理者價值的領導人」。

威爾許開始在一塊白板上記下每一個符號，也就是一個表示他喜歡他所聽到的信號。

怎樣定義C呢？觀眾提出了更多的建議：他們不知道他們屬於C型；害怕A；夸夸其談；平庸。

然後，威爾許說他要求他們做的是對A型提出更高的要求，培養他們，豐富他們。至於C，最好的辦法是拋棄他們，那並不令人愉快，但不得不去做。

當觀眾中有人說，她最近對迫解雇了一些人而感到很抱歉時，威爾許勸她不要因此而感到內疚或抱歉。

更高的自主性

奇異審計部副總經理派屈克，杜普斯（Patrick Dupuis）指出，威爾許這種較不專橫的管理方式，對那些年輕人很管用，因爲這些人希望對自己的生活能有更大的掌控權。

「年輕人眞心希望有較均衡的人生，不管是歐洲人或亞洲人皆然。他們可以對事業更有野心，但他們要更均衡的人生。這表示，他們希望家庭的成功可以媲美事業的成功。他們要社交生活；他們希望負起教育子女的責任。這種對生活的張力，很適合融入奇異的文化裏。雖然仍得工作很多小時、仍有很多壓力和緊張，但比起我們的前輩，現在的年輕人有更高的自主性。」

這是杜普斯的看法，威爾許的觀點又有所不同。在他心裏，奇異的表現永遠是第一位的。他對員工該如何平衡個人、家庭生活和在奇異的工作，並無什麼意見。他只是表示：如果他的員工不能認眞地在奇異工作，那他們就不能享受美國人早就習以爲常的高生活水準。

如果有人在下午三點離開辦公室，去參加自己孩子的活動，是否那個人就應從類型A降到B呢?不，他回答，並且補充到：

那完全是員工與經理之間的個人關係問題。……如果結果不佳，我們會問，「爲什麼結果不理想?」。我們不會問，「你工作了多長時間，你的方法是怎樣的?你有沒有遵守第十七·二條規定?」

威爾許會向基層主管提出什麼建議，來幫助他們成爲未來的優秀領導者呢?

我提供給人們的最重要的忠告是，你不可能獨立完成工作。你必須與你的部屬中最聰明的人和睦相處並默契配合。如果你做到了，那你就成功了。……糟糕的是，我們在經營中，並不能像在籃球或曲棍球賽場上那樣適才用人，如果一個傢伙不會溜冰，你就不會選他作左鋒；如果那傢伙不會射門，你就不會安排他在前鋒上，他甚至不用上場。這同組建一支經營隊伍並無不同，自始至終要選用最合適的人員。如果你不能惟賢是舉，那你就是在自欺欺人了。

要想使年輕人明白使自己揚名的關鍵，是成爲團體中的一員——這是不是很難呢？

非常困難，威爾許承認。「許多人不明白，這正是我總是談到自信的原因，因爲你必須有足夠的自信心，才能有膽量去雇經常比你更聰明的傑出人才。你必須適應這一點。」

一個令人感興趣的問題出現了：既然奇異有如此嚴格的用人要求，那些C型經理們是怎樣加入奇異公司的？威爾許解釋：

事情起緣於管理層，一些異常聰明的人加入進來。他們決定：我喜歡這兒的資源；我喜歡這兒的養老金計畫；我喜歡這兒的氣氛。於是你還沒弄明白，他們就留下來了。於是你還沒弄明白，他們已經待了二十年。他們擁有還算不錯的履歷，但他們未將可能達到的發揮出來。

他們開始時有合適的履歷，有合適的潛能。後來由於某種原因——有些非常正當的原因——他們的潛能也許並未發揮出來。「我想成爲天下最好的父（母）親，我想賺足夠的錢來撫育我的孩子，而且我就要當爸爸（媽媽）了。我每週上兩個晚上的藝術課，我想成爲班上最優秀的。」這些各色各樣的興趣包圍了他們——都是些非常好的興趣——但是那些不能使他們在公司中的工作達到A的標準。

第3章　企業品質行動

二十世紀九〇年代後期，有一個觀念在奇異公司掀起一股不滅的激情，這種激情遍及奇異的每一個事業部。這個觀念就是「追求品質」。

迅速、果斷地行動

當威爾許決定應該採取措施來解決奇異的某項問題時，他不會介意是否該想法已經過時，或者已經被其他人做了若干年。他只會關心該想法是否有助於奇異的事業。如果可以，他就會毫不猶豫地、迅速的、果斷地行動，絕對不會留意別人的想法和議論。

恰如其分地，二十世紀九〇年代中葉，他開始信心十足地認爲有必要開展一次通盤的企業品質行動。

起初，看上去威爾許是做出了一個不尋常的選擇。他從不是一個眞正熱中於改進品質方案的人。過去的奇異用於提高品質方面的努力，從未超越基層這一環節。的確，爲督促員工提高品質而張貼標語、旗幟的經費是充足的，但是大多數的人都明白，公司在此方面並未全力以赴。大多數的人瞥一眼標語，然後很快就忘掉了。

而且，沒有任何人曾眞正質詢過奇異的品質水準。當然，過去公司一直保持了其產品和生產工序的品質，總體上享有較好的聲譽。既然這樣，威爾許爲什麼如此肯定，爲了奇異的生存，公司不得不重新審視其品質水準呢？

當然，二十世紀九〇年代後期，品質早已不是什麼新概念了。諸如摩托羅拉等公司，多年來一直以品質求生存。然而一旦威爾許頭腦中產生了一種想法，他會以他獨有的強烈的責任感，以他一貫的全力以赴的激情去實踐。這些年以來的歷史可以證明，正是這位煽動者用他的熱情，使普普通通的計畫方案，演變成爲強有力的策略行動，從而重塑了奇異形象。

八〇年代早期，他實踐了重組計畫。

八〇年代中期，他倡導速度、簡化與自信。

九〇年代，他熱中於消除等級界限。

九〇年代後期，當他醞釀出品質行動的構想時，他展示了同樣的激情。他如此專注於品質，以至於幾乎沈醉於其中，並且動員整個公司全力以赴。因爲他確信，品質的改進將成爲企業發展策略方面的新突破，將使奇異公司成爲全球最具競爭力的公司。

又一次，威爾許捷足先登，率先變革。

爲什麼是現在？爲什麼著眼點是品質？這並不表示奇異過去忽視了品質。相反的，品質在奇異公司一直是備受重視的。奇異品牌的耐用度一直被公認爲是優質的產品。

然而，奇異的產品和生產工序還沒有達到世界頂級的品質水準。其他公司占據了品質領先的地位。諸如摩托羅拉、豐田、惠普以及德州儀器（Texas Instruments）等大公司，常久以來，一直被視爲是世界頂級品質水準的代言人。

既然如此，威爾許對於其他公司在品質方面比他技高一籌的形勢，不可能視若無睹。事實上，他正準備利用從其他公司搜集到的知識和經驗，去開發一個更好、更有影響力的方案。他決心將對品質的追求融入奇異，並貫徹始終。

再有，威爾許後來承認他弄錯了一個問題：他想當然地認爲，他的經營策略本身可以連帶地使公司達到更高的品質水準。只要威爾許提高了員工的辦事速度、只要威爾許改進了生產效率、只要威爾許提高了員工參與公司決策的程式，他就會贏得品質。他確信這一點。然而期待中的品質水準卻從未實現。

正視現實，迎接挑戰

二十世紀八〇年代到九〇年代早期，奇異占據的市場，只限於自身處於競爭優勢地位和技術前沿的領域。該公司之所以放棄諸如家用電器等市場，僅僅因爲那已不屬於科技前沿的領域。

這項策略極爲成功。奇異獲得了第三名的收入，四倍的利潤，每年的股東回報率躍升到23%。

但當奇異正享受選擇市場戰區的奢侈優勢時，一些如摩托羅拉、德州儀器、惠普和全錄（Xerox）等公司，卻不是如此的做法。如威爾許所形容的，那些公司被捲入「亞洲競爭颶風的颶風眼」中，不得不正面和那股打擊許多美國企業的日本侵略勢力周旋。因爲他們的亞洲競爭者的產品，已達到新水準的高品質，摩托羅拉和其他的美國公司必須提升自己的品質水準，否則就得關門大吉。結果是，在多年加倍的努力之後，他們的品質水準追平、甚至超越全球所有的競爭對手。

當奇異拿自己和這些公司比較時，奇異產品和生產流程的品質，仍有極大進步空間的事實就非常明顯了。「每一代相繼推出的產品和服務都會更好，」威爾許說：「但進步不夠多，就不足以讓我們達到全球菁英級公司的品質水準，這些公司都是爲了爭取自己在高度競爭壓力下生存，而達成新的品質水準。」

威爾許向這些美國企業的經驗學習，決定讓品質成爲奇異重要的管理中心。品質，已成爲威爾許的狂熱。

追求速度帶來品質

威爾許從未指定品質是奇異的高度優先任務。他有一個好的理由：奇異的產品與其競爭對手相比，總顯得技高一籌。從沒有人眞正去質疑這個觀點。

當然，威爾許及其同仁瞭解差距的存在。但是奇異的董事長只是以爲，提高品質的最好——或者說，也許是唯一的——辦法就是依靠速度、簡化、自信（Speed，SimpLife、Self-Confidence，3S）的理念。直到他發現「3S」並不靈驗時，才相信需要一些其他的東西。

奇異過去就曾經推動過品質提升計畫，但大家都不是很認眞。奇異的財務主管丹默曼說：「我們有一隻頭戴帽子的地鼠帶著口號，在奇異的內部四處跑。牆上有標語寫著『今天零缺點』之類的話。當我在六〇年代剛進入奇異在路易斯維爾的公司時，就常常從這些標語下走過。這些目標和理想都很好，但卻沒有什麼內涵。沒有讓人人參與的評量標準和方法，都只是口號罷了。」

幾年來，威爾許一再鼓勵奇異的員工有更高水準的生產力。然而，到了九○年代中期，員工們指出，如果再不改善奇異的產品和生產流程的品質，是不可能創造更高的生產力的。在一項產品出廠之前，總會花太多的時間在修理和重做的工夫上。這會減緩奇異的速度（速度也是威爾許最高企業教條之一），也會降低生產力。法蘭斯科說：「有一件事很明顯，我們的顧客非常滿意我們的品質，因爲一經比較，我們的產品品質是和競爭對手一樣好，或者更好。但當我們開始注意我們花錢的方式，就看到我們浪費了許多，因爲在不良品質打擊到顧客之前，我們已花了不少力氣在修補上。」

浪費時間的代價是很高的，但似乎沒人在意。實際上，浪費掉的時間只簡單的計入經營成本，簡單地歸因於爲獲取品質所必須付出的代價。然而，這些想法是不對的。任何品質行動的核心目標之一是使客戶滿意。因不斷的重覆測試而導致的產品延誤，只會加劇客戶的不滿。過多的返修必然導致品質降低。

「當我們談到品質缺陷時，」法蘭斯科說，「我們談論所有的反覆檢測和返修工作，直至產品可以提供給客戶。我們考慮的是浪費的情況和返修費用的發生。這通常被稱爲『經營成本』。人們通常認定高品質勢必造成高成本。我們現在發現，提高品質可以降低費用。目前我們已經看到，用正確的方法，在第一次工作流程中就生產出高品質水準的產品，可以節約許多時間和金錢。」

威爾許依然不滿意奇異的品質。NBC的負責人賴特說：「傑克總是認爲，品質計畫，基本上就是花錢修補某位工程師本不該出現問題的藉口，是通過增加檢測員和日常經費開支來掩蓋系統問題的藉口。」

奇異在品質方面所表現出的惰性，可經追溯到威爾許最寵愛的「通力合作」計畫，這是他所推行的經營策略的核心之一。威爾許只是簡單的推斷，推行通力合作，必然導致產品和生產工序的品質同時得到提高。畢竟，威爾許的許多經營理念，都在該計畫的實施中得到促進。比如：不拘小節、開放性思維、消除官僚習氣、提高員工參與意識、營造好學的企業文化。一旦上述的經營理念在公司上上下下得以推廣，品質必然提升——至少這是威爾許的邏輯。

除了傳播這些經營理念，克羅頓維爾的全部經驗都是在某種程度上爲提高品質而設計的。

事實上，在奇異內部，基本上沒有擔心品質水準的內在動力。因爲只要奇異的利潤持續增長，就沒有人關心是否奇異的品質達到了應有的高水準。然而，閱讀了員工的調查問卷後，威爾許才眞正意識到了問題的嚴重性。他看到了那些鼓勵奇異提高品質的標語和旗幟，但是從未眞正注意過這個問題。現在，看到自己員工的抱怨，他明白他的邏輯完全錯了。他意識到他別無選擇，只有行動，果斷地行動。

威爾許清楚，只有發動一場基於全公司廣大員工支援下的行動，才能夠幫助他達到他的目標：從實質上大幅度改進奇異產品和生產工序的品質。每個人都必須參與。他不反對更多的標語和旗幟，但是這一次必須有實際意義上的行動方案，以及對情況鞭辟入裏的分析。新的行動方案的詳盡程度，應與一項周密的作戰計畫相似，而不應是一套言之無物的空洞的口號。在威爾許的世界裏，不存在失敗。

六個標準差

奇異的最高執行長會爲那些努力提升品質的人喝采——那些人在暴風雪夜裏、徹夜不眠的趕去修理火車頭配件；或日以繼夜、不眠不休地工作，解決渦輪機或掃瞄器上某個不明的問題，好讓這套設備能在出廠時有最完美的表現。但他希望能避免這些無謂的工作，他希望能改進生產流程，讓最初的成果盡可能地接近完美的狀態。

他覺得，產品和服務只是和奇異的競爭對手一樣好，或比較好，是不夠的。「我們要的不只如此，」威爾許說：「我們要全面改變競爭的基準，不只是比我們的競爭對手好，還要將品質提升至全新的境界。我們要讓我們的產品對我們的顧客來說，是那麼的特別、珍貴，並對他們的成功是那麼的重要，因此，我們的產品是他們唯一的選擇。」

問題是，要如何推動一個全公司的品質運動，而不重蹈過去類似計畫失敗的覆轍。威爾許和他的同事發現，答案就是「六個標準差」（Six Sigma）（Sigma的縮寫字母爲σ），這是位於伊利諾州（**Illinois**）的通訊及半導體廠商摩托羅拉率先開創的觀念。

在繼續下去之前，我們要特別提醒你，下面的材料，會讓那些痛恨數學的人裹足不前。畢竟，一段冗長的有關數學和統計學方面的討論，很難作爲休閒讀物。但不要放棄。這種討論，對於理解威爾許和奇異改進品質的作法，是至關重要的。

我們會把問題闡述得盡可能淺顯易懂。

6Sigma是運用統計資料來測算一件產品接近其品質目標的程度。6Sigma成爲奇異的標準。如果一件奇異產品或一套生產工序達到了6Sigma水平，就代表著其品質已經登峰造極。

現在也許你已經發現，在Sigma之前的數字，表達著重要的意義。你是對的。如果6等於高品質，那麼小於6的數字，表示相對較低的品質。

1Sigma=68%的產品達到要求

3Sigma=99.7%的產品達到要求

6Sigma=99.999997%的產品達到要求

6Sigma意味著每一百萬件產品中，只有三點四件是瑕疵品，它是作爲高品質的水準點而出現的——每百萬次品少於三點五件。

實際上，6Sigma是一種用數學來計算每生產一百萬件產品有幾件瑕疵品的方法，6Sigma是最完美的狀態——或者說是，可能達到的最完美的狀態。

這個統計數字成爲一個標準——該標準之內，數目越大，精確度越高；精確度越高，品質越高。簡言之，6Sigma所代表的品質水準，遠遠高於3Sigma。達到6Sigma時，每百萬件出現瑕疵品只有三點四件。而3.5Sigma則意味著，大多數此類公司每百萬件的平均瑕疵品，達到三萬五千件的驚人高度。

幾十年來，只有日本人才對品質以極大的重視；他們的產品，像電視和手錶，一般都能達到6Sigma水準。爲了與日新月異的日本人相抗衡；一些美國的公司，以摩托羅拉（其品質水準只有4Sigma）爲首，決定賦予品質爲企業發展的首要地位。而這些是發生在奇異採取行動之前很久的事。

美國公司在追求高品質方面存在著一種優勢。日本的高標準只是應用於諸如精密儀器、汽車，以及電子設備此類的產品，也就是說，只是應用於生產領域。

日本還未曾將其品質體系集中到改進經營方法、生產工序上面來。一旦像奇異這樣的美國公司，能夠在產品以及生產工序兩方面都有所提高，也許就能夠摧毀日本在品質方面獨佔鰲頭的地位。

奇異自己的「六個標準差」品質計畫

二十世紀八〇年代末至九〇年代初，摩托羅拉首倡6Sigma行動，並且通過這一行動，將其產品的瑕疵品率從4Sigma減少到5.5Sigma的水平，節約了二點二億美元。其他公司，例如Allied和德州儀器，開始採納他們自己的6Sigma品質計畫。

6Sigma變得非常流行，甚至由此產生了一個專事6Sigma諮詢顧問傳播業務的分支行業。比如麥克．哈理，曾經在摩托羅拉公司品質研究中心工作，後來成爲奇異6Sigma品質行動初期的顧問。再比如，理查．施羅德，曾經監督了摩托羅拉分支機構的品質改進行動。哈理和施羅德一起在亞利桑那州的司哥茨德爾建立了一家諮詢公司，叫作6Sigma研究所。

一九九四年全年和一九九五年初，威爾許和其他奇異主管們開始研究，爲了提高奇異的品質應做些什麼。董事長感到進退兩難。他同意別人的看法，認爲奇異在品質改進方面已做了巨大的努力，是成熟而富有經驗的。但是6Sigma方法改變了他的看法。他擔心那些方法與他的其他經營策略不一致：

●它是集中管理的。

●它看上去太官僚氣——充斥著報告和標準術語。

●它要求有一致的辦法。

簡言之，該方案實在不符合奇異的風格。

從另一方面來看，傾力解決計畫則絕對是一個奇異風格的方案：消除官僚等級界限，鼓勵開誠佈公，提倡互相學習。

但是最終，威爾許被他自己的員工——尤其是親手製造產品的工人和工程師們——感化了。他們最先意識到，公司需要一次眞正切中要害的品質行動。這些「親手操作」的人們知道，在生產效率和存貨周轉率保持著連年高速增長之後，隨著工作流程中出現失誤次數的增加，發展趨勢已經減緩。

一九九五年四月，在威爾許接受爲期十天的心臟外科手術之前一個月，奇異開展了一次員工調查問卷，結果顯示，奇異的員工對其產品和生產工序的品質極不滿意。看到調查的結果，威爾許開始意識到問題的存在，但是他尙未意識到問題的嚴重性。

一個日益明顯的跡象說明，相當數量的公司，包括摩托羅拉和德州儀器，已經通過採用6Sigma的方法而獲得驚人的成績。

第4章　改變公司裡的每一個工作環節

一九九五年六月，聯合訊號的最高執行長賴瑞．波西迪，應邀到威爾許的行政主管會議演說。他曾任奇異的副董事長，是威爾許最親近的朋友之一。一九九四年時，波西迪就在聯合訊號推行一套「六個標準差」的計畫。一年之後，他告訴行政主管會議，他對這套計畫是如何地印象深刻，他認爲，如果奇異也採取類似的行動，將會有很大的好處。

一次關鍵會議

「奇異是一家大公司，」他對行政主管會議說：「我知道這一點，因爲我在這裡工作了三十四年。但各位還有很多工作待努力，以讓公司更大更好。如果奇異決定要涉足『六個標準差』，各位將寫下高品質的新傳奇。」丹默曼回憶道，波西迪的演說，「有眞正的內涵，不只是口號標語，是眞正的內涵。」

很顯然的，對波西迪十分敬重的威爾許也有同感。他的結論是，如果「六個標準差」對波西迪是那麼好，對威爾許一定也不錯。

最能吸引威爾許接受「六個標準差」的原因，就是它非常重視統計。這套「高品質計畫」才不會是個「膨鬆毛球」，他常用這個字眼來形容奇異先前那些沒有成效的提升品質之努力。萊特說：「『六個標準差』有一套應用於生產流程的系統，可以達到一個新標準——低成本和高品質自然是製造流程中的主要副產品，而不再只是附加價值。」事實上，眞正吸引威爾許的，就是這個「高品質計畫」不致像前例般，陷入冷漠的暗潮中。他現在已經相信，這不是一句口號。他說：「這不是本月的主題活動。這是一項紀錄，是永遠存在的。」

在那次行政主管會議之後，威爾許要當時擔任企業發展副主席的蓋瑞·萊納（Gary M.Reiner）（現爲資深副主席及資訊主任）展開一項研究，看別家公司的品質新方案進度如何。在萊納研究的對象中，就包括摩托羅拉和聯合訊號公司。

威爾許同時也開始從在克羅頓維爾參加培訓的奇異員工那裏，聽到需要一次全新的品質行動的呼聲。一九九五年八月，經營發展培訓班的重點，全部集中於品質問題。課程深入研究了馬羅姆·鮑德理奇國家品質獎獲得者的經驗。國家品質獎是授予品質傑出企業的一個政府獎項。「我們感到在這個遊戲中，我們只是些無名小卒，」加理·鮑威爾，此次培訓的一個參加者說，「我們針對訪問客戶時反映的一些令人難以置信的故事進行了辯論。我們走訪一位奇異的汽車客戶時，遭遇到從未見過的令人難堪的討論。這些人徹底瞭解我們產品的品質。他們說：『你們這些人眞是糟糕。』他們覺得做了人質。我們這樣差勁，我們的競爭對手們就更糟糕了。我們實在是沒有滿足他們的需要。」

一九九五年九月，奇異培訓班向威爾許和其他在克羅頓維爾的公司執行委員會成員做了彙報，列舉了人們強烈要求重新開展品質改進行動的例證。「你可以看到威爾許的眼中閃爍著亮光。」加里·鮑威爾說，「這正是他所期望的結果。我們向他們提出我們的確需要改進品質。這一次是相當認眞的。我們談到了可供借鑑的一些好的事例。奇異的醫用系統早已開始致力於品質問題的研究；但是在這次培訓課程中經過集體討論，才眞正在切實提高奇異品質問題上達成了廣泛的共識。」

決定開始實施品質改進方案之後，十月的第一個星期，奇異邀請專家麥克爾·哈理在公司高級職員會議上作報告。哈理談論了「六個標準差」方法對於改進品質、改善生產工序的價值。

然而，既然決定了著手一項嚴肅的品質計畫，奇異就要以奇異的方式去實施——這是一種前所未有的方式。正如法蘭斯科所評論的：「當奇異決定做一件事時，它會以異常猛烈的方式，以其獨有的激情去追求它自己的目標。」

萊納被指派負責奇異的新品質提升計畫。從他拜訪其他企業的經驗，他知道只有全部奇異的員工都能參與的「高品質計畫」，才有成功的機會。「我們學到的是，除非你有一個對品質提升的單一焦點，否則別想成功。我們的焦點較偏向速度。我們評量原來的速度，在速度上追求進步的空間，以這樣的速度開發新產品、完成生產流程。但要達到高品質的『六個標準差』，則有許多工作尚待完成。你必須要鍛鍊自己的機智，才能眞正思考爲什麼達不到預期的品質。」

如果奇異能實行一套成功的「高品質計畫」，潛在的報酬是很可觀的。停留在三個標準差或四個標準的成本，大概是公司營收的10％至15％。以奇異而言，這個資料就意味著八十億至一百二十億美元的成本。據萊納所說，奇異有希望在「約五至七年內」，透過「高品質計畫」回收這筆金額。

法蘭斯科指出，改善品質不只意味著降低成本，還可以增加業績。「因爲提升了品質，你替股東們賺了更多的錢；你也取得更大的市場佔有率，因爲你的顧客會更滿意你的服務，而漸漸對你的對手不滿意。」

萊納的意見受到奇異的重視。在推動計畫後的兩年，「六個標準差」的觀念已深植各部門，奇異各事業部的牆上高掛的標語，大大說明了這個計畫的重要性。員工間的談話也是三句不離如何提升品質。如果你在奇異各工廠、分支單位和高階主管的辦公室間穿梭，「六個標準差、六個標準差、六個標準差」將不絕於耳。

這是奇異新的魔咒，九〇年代新的作戰口號。

如何啟動六個標準差

六個標準差方案必須依賴公司內部全新的「戰士階層」（the warrior class），以執行六個標準差的目標和程式，這套「戰士階層」包括：

- 綠帶（Green belts）
- 黑帶（Black belts）
- 黑帶師（Master black belts）

這些「帶」級戰士，全部都是受過「六個標準差」複雜統計訓練的主管。

在一九九七年七月十九日時，威爾許親手寫了一封信給所有行政主管會議的與會者。他認爲，負責精確推動「高品質計畫」的人該有五大特質：

1.對工作有無窮盡的精力和熱情，是眞正的領袖，而不只是「公司員工」。

2.有激勵、鼓舞、推動組織追求「六個標準差」利益的能力——而不只是官僚。

3.瞭解「六個標準差」都是針對顧客而實行的，同時，「六個標準差」也是奇異對品質的最基本要求。要讓奇異的顧客們贏得市場。

4.在技術層面上能掌握「六個標準差」的運作，就像本來即具備的財經背景或掌握能力那樣，甚至更出色。

5.有能力領導團隊達成關鍵性成果，而不只是提出技術性的解決方案。

品質行動剛剛啓動時，奇異把著眼點放在減少那些造成公司成本過大的時間浪費和無效勞動，來節約公司的費用方面。例如：

1.爲客戶傳送賬單

2.製作白熾燈的基座

3.審批信用卡申請

4.安裝渦輪機

5. 放款
6. 修理飛機發動機
7. 答覆機械維修的請求
8. 承保一項保單
9. 新CT機產品的軟體發展
10. 機車大修
11. 向工業分銷商開具發票

大約在第一年，員工們都認爲六個標準差只是另一種新的管理時尚，有關方案的資訊，在公司中只是以緩慢速度傳播著。這並不是組織者們所預料的，所以威爾許再次用他個人的狂熱，推動專案的進程。一有機會，他就要在講話中提到品質問題。一九九六年春天，他甚至分發了一本名爲《目的和過程》的小冊子。

在一九九七年十一月的奇異業務經理會議上，董事長宣佈了一個令人吃驚的消息：他正式宣佈奇異的經理們必須開始品質行動——否則將被解雇！

簡單地說，品質必須成爲這一房間裏每個人的中心任務。在這一問題上，你們不可能獲得平衡。你們必須對此發狂，必須對品質問題充滿激情與狂熱。你們將在需求與壓力的作用下，推動這一切發生。這必須成爲你們每一天每件事的中心，開會的中心、講話的中心、檢查的中心、提升的中心、雇傭的中心。這裡的每一個人都應是品質冠軍，否則就不應在這裡。

威爾許將這套方案與「無界限」相提並論，並強調公司各階層的員工必須堅決落實六個標準差。

這和「拆除藩籬」並無不同。不主張「無界限」的人不該留在這裡，八〇年代如此，九〇年代也是。如果你不能提高品質，你就該帶著你的本事另謀高就，因爲高品質就是本公司的一切，「六個標準差」必須成爲本公司的共同語言。只有最棒的人才能成爲黑帶。每一件公司裏的事都是黑帶階級該管的——它不是一個升級後的品管組織，而是企業運作的中心。企業中沒有不需要經過它評鑑的人、事、物。只有這樣，才會有更好的事業和更好的營運成果。一九九七年時，我希望各位拔擢你最好的員工，讓全世界看到，能領導品質提升的人才，才是我們所需的領導人才。

在下一個世紀，我們期待本公司的領導階層都是受過黑帶級訓練的人，他們很自然地只會聘用受過黑帶級訓練的人。他們將會是堅持公司內只應有黑帶人才的領導人，……所以，在提升品質的過程裏，暖身已經結束。眞正刺激的階段來了，刺激程度將會是現在的十倍。這是你們的第一要務，是公司的未來，所以西元二○○○年將會是一個異常嚴格的考驗。但我們均將以企業史上前所未見的能力，進入下一世紀。

第5章 評估、分析、改進、監控

奇異將它的品質方案，建立在摩托羅拉的模式基礎上，其「六個標準差」進程分爲四個基本步驟：

1. 對每一個生產環節和交易事務進行評估。
2. 仔細加以分析。
3. 用心改進每一個生產環節和交易事務。
4. 認眞地監控每一步改進方法是否得以堅持。

簡言之，就是評估（Measurement）、分析（Analysis）、改進（Improvement）、監控（Control），也被稱爲「MAIC」。

調查、評估、分析是爲了找出抑制品質問題的根本原因所在。然後竭力防止問題再度發生。

監控階段是最重要的。六個標準差開始在奇異推廣時，其產品和生產工序基本上是穩定的——但不能長期保持穩定。因爲沒有足夠的監控。這是六個標準差發揮作用的關鍵環節；監控階段保證了達到穩定之後再保持其水準。奇異的品質行動方案，在六到十二個月後要進行審計——之後每六個月再審計一次——以此保證品質標準一直維持在高水準上。

六個標準差的運行

下面是實施六個標準差的步驟。

1. 選定一個實施六個標準差計畫的專案
2. 確定影響品質的因素（CTQs，指一件產品或一個經營過程中，那些直接關係到客戶滿足程度的環節）。
3. 啓動六個標準差方案。

●評估　由分辨出影響CTQs的關鍵性內部環節開始，然後對認定的CTQs所造成的失誤率進行評估。失誤是指不可忍受的CTQs。當黑帶成功地評估了一項影響CTQs的關鍵環節所造成的失誤程度時，這一階段的工作就完成了。

●分析　試著理解失誤產生的原因。這個階段的工作需要有靈感，使用統計工具和其他方法，找出造成失誤的主要變數（X）。當確定了那些變數時，這一階段的任務就完成了。

●改進　確定主要變數，然後測量出他們作用於CTQs的程度。確定重要變數的最大可接受變動範圍，使評估體系可以評估出主要變數的變動程度。最後，調整該環節，使之停留在可接受的範圍內。

●監控　使用統計監控工具（SPC）或基本調查表等方法，確保調整後的生產環節，容許主要變數保持在最大可接受範圍內。

以上每一個階段都需要一個月。每一階段開始時，都需要花三天用於培訓，然後，花三周的時間進行主要內容的培訓，最後一天由黑帶師和冠軍進行正式複審。黑帶在黑帶師的指導下，完成第一個專案後，繼續進行增加的專案，只由黑帶師複審。黑帶師和黑帶都應從事這樣的全天工作至少兩年。

六個標準差中的參與者

在六個標準差計畫實施過程中，奇異公司給各種參與人員都起了名字：

1. 倡導者：指確定專案並領導六個標準差行動的高級經理。他們審批專案，爲專案安排經費，並且排解需要解決的任何糾紛與問題。在方案剛開始實施時，一些事業部主管出任爲倡導者。一個奇異的事業部通常有七到十位倡導者。倡導者並不需要專職負責品質計畫，但是他們必須投入必要的時間和精力，確保計畫成功。倡導者的培訓時間爲一個星期。品質行動開始時，有大約二百位倡導者。到了一九九九年春季，每一位高級職員和每一位高級主管都已成爲倡導者——總計大約八百人。

2.黑帶師：專職的教師，擁有深厚的數量學方面的技能，以及教學和領導方面的才華。這些黑帶師檢查並指導黑帶工作。培訓時間爲至少兩個星期。一九九九年春，有七百位黑帶師。一名黑帶師必須在監督指導至少十個人獲得黑帶資格之後，經該事業部的倡導者委員會評議通過，才獲得黑帶師的資格。

3.黑帶：指專職品質經理人員，他們領導專案組，調查關鍵程式，向冠軍報告結果。這些專案組的領導負責檢測、分析、改進和控制影響顧客滿意程度和生產效率提高的關鍵程式。成功完成兩個專案，他們才能獲得資格，第一個專案在黑帶師的指導下完成，第二個專案則需要自主完成。一個成功的專案是指過程開始時小於3Sigma（一百萬個操作中，出現六萬六千個品質缺陷）的情況下，品質缺陷降低十倍，過程開始時大於3Sigma的情況下，品質缺陷降低50%。爲獲得合格資格，黑帶也應經黑帶團隊批准。黑帶是專職人員。一九九七年底，公司有二千六百名黑帶。

4.綠帶：他們在黑帶專案中工作，但不是專職人員。他們既參與六個標準差專案，又擔任公司中的其他工作。黑帶專案結束後，專案組成員應在日常工作中繼續使用六個標準差方法。一九九七年底，公司有一萬五千名綠帶。

奇異還計畫對它的二萬名工程師進行培訓，這樣它所有的新產品，都可以在六個標準差的要求下設計。它還計畫用六個標準差的方法，輪流培訓公司二十七萬名的全體員工。

一九九八年年底的目標，是公司八萬到九萬名專業員工都變成綠帶。黑帶和黑帶師的數量不會增加太多，但因爲他們將構成專家的核心層，他們的角色變得至關重要。

一九九七年年中，在專案中，還缺少黑帶師來指導綠帶。面對黑帶師的缺乏，蓋瑞．萊納組織了一個電腦系統，提供人機對話的多媒體指導。綠帶如果對檢測和分析階段有問題，他（她）可以與解答問題的專家系統進行對話。

進程的評估

奇異設計出五項的企業評量標準，以協助旗下的事業追蹤「六個標準差」的進度：

1.顧客滿意度：每個事業要進行顧客調查，要求顧客替奇異打分數，並在品質重要條件上列出最佳專案。評分的方法爲「五分量表」，五是最高分，一是最低分。一個失誤，就表示在一個專案上爲次佳，或是三分以下。奇異會評量每一百萬次調查回答中的失誤。就像計畫中的其他評量一樣，這份結果也是逐季報導。

2.品質不佳的代價：有三個元素。評量——主要是檢查；內部成本——大量廢棄和重做；以及外部成本——大部分是保證和特權。奇異每季追蹤這三樣總合在收入中的百分比。

3.供應商的品質：奇異追蹤購入的商品，每一百萬件中的失誤率，如果失誤部分中有一個或一個以上的品質重要條件讓人難以接受，就必須退貨或重做，或是在進度表之外，再行接收這部分零件。

4.內部表現：奇異會評量本身流程所產生的失誤。評量的內容是所有失誤的總合，與所有可能產生品質重要條件缺點的機率總合相比。

5.製造能力設計：奇異評量品質的重要條件檢視圖的百分比，以及為「六個標準差」設計之品質重要條件百分比。大多數的新產品，都根據已定義出之品質重要條件來設計。奇異希望能開始設計符合「六個標準差」運作流程的產品和服務。這個評量非常重要，因為設計的方法常會影響失誤次數的多寡。

滾動式發展

從一九九五年十月，六個標準差計畫開始以來，結果令人非常震驚——甚至超過了威爾許的最高期望。

奇異在一九九五年末提出了附帶有二百個專案和龐大培訓方案的品質計畫。一九九六年，它完成了三千個專案，每個平均花費七個月，訓練了三萬名員工。整個計畫投資二億美元，與品質有關的節約，已經帶來了相近的回報（一點七億美元）。

威爾許現在的六個標準差計畫，比過去的品質方案得到了更多資源的支援。一九九七年，奇異花了三億美元，享受到了六億美元的回報——當年淨收益為三億美元。首先，它計畫進行六千個專案，但這一數字變成了一萬一千個。平均每個專案進行五個月，減少缺陷80％，節約七萬到十萬美元。大約十萬名奇異員工受到培訓。

一九九八年，六個標準差將包括三萬七千個專案，成本為四點五億美元，預期收益超過十億美元。一九九九年大約有四億到四點五億美元，將用於四萬七千個專案，預計產生十三億美元的收益。威爾許得意洋洋地宣稱：「雪球正在變大，到二〇〇〇年前，六個標準差品質改善帶來的累積利潤，將不是以千萬計、以百萬計，而是以十億計。」

這裡是奇異的一家機構——奇異資本事業部中六個標準差的進展情況。一九九六年，奇異資本在二十一個國家和十五種語言環境裏，完成了三十萬小時的六個標準差培訓。在年底以前，它的董事會中，有七十五名品質領導，一百三十五名黑帶師和五百五十名黑帶；五百六十個專案正在進行之中，其中這一年完成了五十七個。這一年，它投資八千八百萬美元，用於六個標準差品質方案，並計畫在一九九七年投資一點五三億美元。投資已開始獲得回報，表現在——留住了客戶、錯誤減少與淨收益增加。一九九七年，奇異資本事業部通過品質計畫中節約了一點五億美元。

在奇異的其他事業中，成果一樣毫不遜色。奇異照明的收賬系統一向不錯，但有一個問題：和威名百貨（奇異的大客戶之一）的購物系統，在電子功能上不能完全契合，因而造成爭議，延遲付款，浪費了威名百貨的時間。

後來，一支奇異的黑帶小組採用「六個標準差」的方法和資訊技術，以三萬美元的投資，從威名百貨的角度解決了這個問題。在四個月之內，失誤率降低98％，威名百貨達到更高的生產率和競爭力，爭議和延遲的情形也減少了。

在奇異抵押公司（GE Capital Mortgage Corporation）中，員工們一年總共會接獲三十萬通的顧客電話，如果人不在，就以語音信箱回答，稍後再回電。對奇異來說，這套系統看來蠻好的，因爲每通電話都回了。但卻有一個大問題：當奇異員工回電給某位顧客時，那位顧客常常正和其他的公司接洽，結果奇異喪失了先機，也丟了生意。這樣看來，問題可不小！

一個黑帶師小組奉命接下任務，要解決這個惱人的問題。小組發現，在該公司四十二個分支機構裏，有一處並沒有這個問題，幾乎所有的電話都在第一時間接通。爲什麼呢？分析其系統、流程、設備、實際配置和人員，小組找到了答案，並將其應用到其他四十一個分支機構。最初有24％的顧客覺得找不到奇異抵押公司的員工，現在則有99％的機率，在第一次撥通電話就接上奇異的員工；由於其中有40

%的電話會帶來生意，奇異因而獲得數百萬美元的回收。

奇異的塑膠事業，複合碳酸材質（polycarbonates）已可達到奇異設定的超高純淨標準，這個內部標準能讓大多數的企業滿意。但奇異塑膠事業仍然無法達到新力對其新型高密度光碟和音樂的品質要求。因此，另外兩家亞洲的供應商接下了新力的所有生意，而奇異塑膠什麼也沒搶到。

一組黑帶小組仔細研究了這個情形。他們並不在意奇異的品質，只關心新力的品質。一旦明白新力要什麼之後，這支小組替事業生產流程設計了一套過濾法，讓複合碳酸材質能完全達到新力的要求。奇異塑膠最後又從亞洲供應商手中搶回了所有的生意。

NBC的品質爭端開始於一九九七年夏天，那時，它挑選了被認爲是公司中最具潛力的人員之一的約翰·艾克（John Eck）擔任品質官員，他是NBC國際業務的財務部門主管，一個糾紛協調人。萊納告訴艾克，不要從新聞部門開始，而是從那些易於用六個標準差法測量的專案著手。萊納感覺到新聞部門可能會懷疑品質行動，所以他要求艾克從NBC經營的十一家電臺開始，選擇十一個不同的專案。

每個電臺抽二個人，專職負責提高對電臺有重要經濟影響的領域的品質。目標是所有電臺建立統一的軟體。

在電力系統事業部，奇異把注意力集中在設備的及時運輸上，很少注意到由客戶定義的其他重要的品質標準。六個標準差測試中揭示，奇異用來解釋設備的文件過於複雜，又太耗時間，且成本高。黑帶專案組研究了這些情況，簡化了文件，爲奇異的公用事業用戶每年節省一百萬美元。同樣，也爲奇異節省了數萬美元。

每一個事例所花的錢都不多——幾萬到一百萬美元之間，但品質計畫在整個公司中，卻成千上萬的複製著。

蓋瑞．萊納，奇異品質方案的負責人，描述了一個公司範圍的問題，即奇異顧客填寫產品訂貨單的程式，它構成了奇異公司中品質方面的最大負擔。訂貨單常使顧客和奇異人員感到迷惑不清。兩方面要對顧客的需求達成意見一致非常困難。萊納承認，訂貨單只達到了1Sigma標準。「一半是對的，一半是錯的。」他承認道。

解決辦法是建立新的軟體，製作出雙方都認爲簡單的訂貨表格。「這個軟體能給出所訂物品的圖片，」萊納說。「圖片拷貝可立刻寄給顧客。這樣品質就不可能發生瑕疵。現在許多出售複雜產品和服務的業務，都在這樣做。」

品質問題有時也存在於記賬過程中。溫特引用了一個奇異資本信用卡部的例子：「實行品質行動後，我們更具生產力、更快，而且每張信用卡的成本降低。儘管全部的測量結果都下降，但顧客拿到賬單時，錯誤卻依然如故。我們一直認爲顧客更快得到信用卡很重要，但我們從未問過顧客，他們認爲什麼重要。實際上，顧客認爲速度重要，但準確度也很重要。如果賬單發生錯誤，顧客必須給奇異打電話，要求清除這些錯誤。然後，奇異得派人去調查。我們發現調查要花更多的資金。現在我們提供更高品質的賬單。」

最具指標效果的範例

奇異塑膠在一九九五年八月開始實行「高品質計畫」。短短時間內，它就成爲六個標準差方案中，最具指標效果的範例。

奇異塑膠的品質領導人鮑威爾，還記得奇異塑膠過去推動提升品質計畫時所招致的回應：「『提升品質，人人有責』這類的話，早是陳腔濫調。奇異塑膠早在七〇年代初期，就經歷過兩次的品質改善運動。每次我們都有進步，但接著就停滯下來了。我們缺乏最重要的『持續進步哲學』。我們並沒有達到必要的事業水準或顧客影響力。」

鮑威爾曾一度離開奇異成爲奇異塑膠的顧客，他也跟奇異的競爭對手買產品。有了這樣的經驗，他知道奇異的品質口碑不錯，但還不能說是世界級的，奇異仍未將品質視爲競爭的必要優勢。鮑威爾認爲奇異對提升品質的態度是「酒會上的隨口承諾」。換句話說，奇異的人「在酒會上隨口說說，但領導階層並沒有眞正承諾要改善品質、改變我們做事的方法。」

整個經營在不知不覺中陷入一些壞習慣中。員工要求顧客裝載他們並不需要的貨物。產品進行了檢測，但結果並沒有根據顧客的申請，預測出他們的性能。

鮑威爾說，「我們從未懷疑過一個肯定的結果。」

早些時候，奇異塑膠對高品質並沒有太多壓力。在奇異的「通力合作」計畫中，提倡充分利用與此工作最近的員工的知識。攻擊官僚管理機構變得時髦起來。但在很多情況下，爲了幫助貫徹保證產品品質和生產過程中的紀律，卻設置了管理機構。攻擊官僚管理機構的結果，常常是削弱了某些紀律約束的作用。

奇異塑膠事業部的主管指出：威爾許減少公司管理層的策略，可以減少官僚作風。但隨著管理層的減少，人們更容易爭論品質是每個人的職責，還是高級經理人員的職責。所以，在精簡管理層的過程中，奇異塑膠事業部撤消了它所有的品質機構。這些機構讓位後，一些提供紀律保證的監督性努力也隨之漸漸消失。

威爾許對速度的強調，還給品質帶來了未預料到的負面影響。一些產品檢測需要二十四小時，但奇異開始強調速度後，人們開始懷疑是否眞正需要進行二十四小時的測試。能否發現時間更短的測試方法呢？後來使用了短時間的測試方法，但產品退貨卻浪費了更多的時間，當奇異員工意識到這些時，他們開始告訴高級管理層，有些事情是必須做的。

奇異塑膠中的很多人想知道品質行動是否眞的有效。在威爾許的激勵下，品質官員設置了一些相當激進的目標，第一年，也就是一九九六年，實現二千萬美元的收益，他們還承諾在一九九六年年底以前，在品質行動方面增加三百人。

奇異塑膠對「高品質計畫」是如此的熱中，因而在一九九七年五月，舉行了一項「六個標準差」的競賽，有十支來自奇異塑膠亞太地區的小組參加，比賽誰的計畫才是最佳的「高品質計畫」。

勝利的是新加坡隊，他們自一九九六年七月就開始進行「高品質計畫」，稱他們的計畫是「金錢本色」（color for money），此次是因改善塑膠產品間細微色差的成就而獲獎。每件產品間只要顏色稍微不一樣，就會被視爲是次等品。「金錢本色」計畫，就是將品質由兩個標準差提升至四點九個標準差，一共只花了四個月，讓奇異一間工廠一年就省下四百萬美元。這一小隊的努力，也讓顧客更簡單就能在自己的生產工作上，使用奇異的塑膠零件。新加坡隊希望能在西元二〇〇〇年時，讓產品顏色的品質達到六個標準差。當宣佈新加坡隊是優勝隊伍，並介紹他們到觀眾面前時，小隊興奮地解釋這個計畫的始末，接著小隊成員站在臺上，忘情地大喊：「西元二〇〇〇年！六個標準差！」

一九九七年，奇異塑膠預計會有七千萬美元的淨利，並期望在西元二〇〇〇年時，獲利能增至十四億美元。

影響

外界對奇異「六個標準差」的反應如何?

一九九七年二月，摩根史坦利（Morgan Stanley，Dean Whiter，Discorver & Co.）針對奇異「高品質計畫」的結果作成報告。報告中指出，奇異達到的成就，是一個沒有人相信竟然有公司可以做到的境界。

以下是一位摩根史坦利財務分析師波克茲溫斯基（Porkrzywihski），一九九七年四月對這家公司的評論：

你要如何分辨「六個標準差」和奇異舊式的「生產力」之間的差別？這中間確實有很大的灰色地帶——以前如果有生產上的問題，通常都會有人發現，奇異也都能以現有的工具找出來。而「六個標準差」最大的不同在於，在其「黑帶」確認問題已經解決之前，都不算數。過去常見的問題是，奇異暫時性地解決了問題，但過了一陣子，又恢復了原狀。所以今年的「品質改善」，其實就是針對奇異兩年前「解決」過的同一問題做最新的修正。或者，奇異決定更仔細地檢視、改進這個問題，所以就會花費大筆成本來解決它。同樣的，「六個標準差」的獲利也是要在財務人員確定了才算數。這樣做的目的，是爲了讓黑帶維持一個崇高的地位、讓整個制度盡量客觀。

到了春天，威爾許參加一個分析師大會，並對波克茲溫斯基二月做出的報告道賀，他說，她的見解比他還深遠：

珍妮佛，我很高興收到那份精彩的報告。我必須請你起立接受喝彩。因爲在一九九七年一月，當你說你看過那麼多其他公司，再看到本公司在品質提升上竟能獲致如此豐碩的成果時，我說我很高興收到這份報告，但我當時並不確定我們是不是已經做到你所說的。我當時還不能確定。後來，事實證明：這是我唯一見過能讓顧客贏、讓員工參與並獲得滿足的方案，股東也一樣。這是個每個相關人士都能獲利的方案。

波克茲溫斯基解釋她爲什麼會變成奇異「高品質計畫」方案的頭號支持者：

「每家公司都有一套降低成本的方案。但我堅信，有明確的實證可說明『六個標準差』爲什麼與眾不同。我也瞭解，這是一個需要嚴格執行的方案。在公司文化上，並非每家公司都準備好接受『六個標準差』。如果你瞭解『六個標準差』的威力，也瞭解奇異——在公司文化上，這是一個多麼積極、具有自信、而且開放的組織——這兩者的結合就非常引人注目。」

威爾許也大受感動：「我們所有的主管都對這個方案展現了驚人的投入感。這個方案就像把野火一樣。」在一九九七年夏天，威爾許又說，『六個標準差』大概比我最狂野的夢想還大、成效更快、好上七百億倍。」

奇異也得到其他分析師的讚譽。梅若利林區的財務分析師特瑞爾和薩巴加，在一九九七年五月時，寫到奇異「六個標準差」的努力：

……藉由更有效地應用現有能力、勞力和原料，以及年收入數十億美元的潛力，……我們覺得「六個標準差」最有意思的是，……它超越了工廠層級的效率。奇異的管理階層曾公開表示，他們過去拿自己和對手比是錯誤的，因爲他們有不少對手的獲利並不怎麼樣（以家用電器爲例，奇異在應用「六個標準差」之前的獲利，就已經是對手的兩倍多。）我們確實相信，「六個標準差」運作過程中的隱藏價值，在於它所衡量的是本身成果的絕對值，而非和競爭者相比的相對值。

它把焦點專注於瞭解顧客的需要方面。這更是奇異在擴展服務事業時的有利工具。

奇異內部有人承認，一開始對「六個標準差」的確有些疑惑。總財務長丹默曼就是其中一位：「因爲它的統計特性，一開始會讓人有些反感，但是我們的計畫有能力讓它不只是個統計的工具。很快地，我們就進入了控制步驟，以確定某個問題已被解決。強調要先有事實根據，就是這個方法和過去那些失敗的方法間最大的相異處。」

過去，奇異的員工覺得他們瞭解什麼對顧客最重要。但「六個標準差」顯示出，其實他們並不是眞的知道顧客的需求。這一點讓丹默曼印象深刻。

「高品質計畫」的一個重大附加價値，就是讓奇異更貼近顧客。溫特談到他的商用設備融資事業，如何藉由「六個標準差」而改善了與顧客的關係。有員工發現，某位顧客在一九九五年時，和他們的生意往來相當頻繁，但一九九六年卻一筆交易也沒有。爲什麼呢？奇異就送了一份問卷給那位顧客，詢問到底奇異哪裏出錯了。回答是：奇異沒做錯什麼。

那麼，爲什麼生意上的往來沒有持續呢？顧客的回答是：「沒有人來找我們。」這使奇異瞭解一件事，如溫特所說的：「確定你有足夠的業務人員，負責持續和每位顧客聯繫。」

現在，「高品質計畫」的焦點，幾乎全集中在改善業務流程，以便讓顧客提高其生產力。威爾許希望，奇異可以把75%的重心放在業務流程上，其餘25%放在他所謂的「六個標準差設計」上。（在奇異的某些事業中，「六個標準差設計」的百分比可能還高於25%）。最後，當業務流程這一部分改善後，威爾許希望「六個標準差設計」這一部分能提升到25%以上。「六個標準差設計」，就是要新的產品從最初的設計開始，就利用「六個標準差」來檢視、評量。

威爾許對於「高品質計畫」有偉大的希望、夢想和計畫。他滿意於迄今的發展，但他也知道，還有更多的事要做。到目前爲止，奇異一直把重點放在改善企業的流程上，也得到了很棒的成果。現在，威爾許要把他的努力——和奇異的龐大資源——轉向投注在改善奇異的產品上。他下一個目標，便是將「六個標準差」的精神和標準，融入奇異的每項新產品中。他知道這樣做會使公司節省下時間、金錢和精力。即使奇異在前兩年有了了不起的進展，他仍然認爲，整個「六個標準差」的計畫才剛起步。

第6章　企業改革三幕戲

威爾許考察了奇異的實際情況之後，確定了奇異改革的三幕戲：覺醒、展望、重建。

覺醒

讓整個企業省悟到必須進行改變，是改革過程中震撼最大的一個階段。主張改革的主角必須大力打破現狀，激發出足夠的活力以進行改革。

改革的第一幕是建立危機感，處理抵制新秩序的必然阻力。這個階段在奇異非常困難，正如所有成功的公司想推動改革一樣。威爾許上任初期（一九八一——一九八三年）就面臨了龐大的阻力，一九八四年他還名列《幸福》雜誌最強硬的企業總裁。

在這段期間，威爾許深入剖析老奇異的狀況——哪裏有問題，哪裏需要改變，哪裏不需要改變。宣佈改革日程、喚醒公司的動力、打破舊有心態和文化，都是第一幕主要的場景。

改革領導人面對的第一個重大考驗，就是能在多少時間內讓企業覺醒。以前有個生物實驗，說明青蛙對環境改變的反應太過遲緩。實驗中把青蛙放進一鍋冷水中，慢慢加熱；但水溫從室溫一直升高到沸點，青蛙都坐在鍋裏沒有跳出來，最後變成一隻白煮蛙。這個實驗顯示，企業如果不注意環境的改變，將會遭遇莫大的風險。威爾許就是採取迅速迫切的行動，以免奇異面臨「煮青蛙」的命運。

一九八一年，威爾許就任奇異總裁之後不久，立刻召集公司前一百名高層主管發表演說。他語重心長，希望建立眾人的危機感。他說：「這些企業是你們的。過去什麼事都靠總公司，處處聽總公司的意見，聽大老闆的意見，然後把你自己的計畫修改一下，再報告上去給總部。我們這種制度簡直是荒唐之至。……我們必須有所改變了。爭取第一，就是所有權、領導能力和責任——那是你們的公司。……我們的營運策略不需要厚厚的一本計畫書，我們需要的是各位在自己的本行眞正起來領導，起來爭取你那一行業的第一或第二。這就是奇異的策略。」

威爾許一開始就清清楚楚地說明爲什麼需要改革，並能夠獲得整個領導階層的共識。對威爾許來說，改革的理由何在？

- ●市場和競爭越來越全球化
- ●企業的上線營運增長緩慢
- ●出現新的增長機會
- ●公司必須更有彈性
- ●競爭對手已經在加速產品周期

奇異已經有一百年的歷史，公司營運成功，而且在美國是深受推崇的大企業。前任總裁瓊斯卸職前，創下奇異最高的淨收益，他本人也被《幸福》雜誌評為「全美最傑出企業總裁」。然而奇異內部卻有潛藏的大問題，如果沒有八〇年代的改革，就可能迅速衰敗。奇異內部的自大自滿，使得公司越來越不能夠面對現實。

威爾許最初的警告並未遭遇阻力。事實上，奇異大部分的經理人員，或多或少都不把他的話當一回事。他們都覺得，「嘿！我們是奇異，是最好的公司，已經是百年老字號了，威爾許這傢伙只不過是嘴上叫一叫罷了。」但是威爾許一旦開始行動，抵制就開始了。一九八三年，威爾許取消了「猶他國際礦業公司」將近三十億美元的投資，有些經理人員還表現出「有什麼了不起」的態度。但是到一九八四年，家用電器業（奇異熨斗、烤麵包機和其他小家電）相繼出售後，奇異的經理階層才開始覺醒，可以說是指著威爾許罵：「那個混蛋想要改變我們，我們得起來反抗他。」眾人的抵制有三種形式：技術的、行政的和文化的。

阻力的類型

技術阻力包括各種反對改革的理性的理由：習慣、過去的投資和不想改變的惰性。行政阻力是對打破現有的權力結構的抵制，強大的權力聯盟被打亂了，領導者往往必須爲公司裏的問題負起責任。文化阻力是源於過去建立起來的心態和盲點，導致大家故步自封。

分析主要的阻力，這是改革過程中關鍵的一步，因爲整個領導階層必須達成共識，共同來推動改革。威爾許當時就有了三大阻力：技術阻力、行政阻力和文化阻力。

1.技術阻力

原因——奇異的例子

●習慣和惰性　奇異的經理人員都非常熟悉整套的行政傳統。威爾許的目標則需要他們用不同的方式來做事。

●對未知的恐懼　威爾許要求奇異走向全球市場，使經理階層大感恐慌。許多習慣於傳統內銷企業的經理，都深感焦慮和恐懼。

●過去的投資　奇異已經大量投資於訓練員工，讓他們學會「奇異的制度」。大家宣稱，如果每個人都改變的話，原有的投資就浪費了。

2.行政阻力

原因——奇異的例子

●資源配置　即使是在最景氣的時候，資源的配置往往也是一場「零和遊戲」。威爾許告訴奇異的員工，要提高生產率、要創新，同時降低成本、精簡人事。要大家用更少的資源做更多的事情，使得資源配置更困難。

●主管「論過行罰」——「論過行罰」這件事，唯一的例外是奇異的機關車公司負責人卡爾．施萊默（Carl Schlemmer）。他投資了三億美元，企圖提高新廠的生產能力，以超越競爭對手通用汽車公司。結果投資賠本，卡爾．施萊默坦承自己對市場判斷錯誤，願意負起全責。他表示：「我要留下來把問題解決。」接下來他領導了一個非常重大的轉變——他面對自己對自己的批判。

●對強大的權力團體的威脅　核心的企業，像「電力系統」企業和「照明」企業，從成立之初就一直是奇異集團的骨幹：一九八○年占總公司收益的50％，到一九八五年卻下跌到25％。這兩個企業的主管都抗拒威爾許的改革，因爲他們的權力（投資、事業前途等）受到了威脅。

3.文化阻力

原因

●老舊的文化心態——一九八四、一九八五年間，「照明」企業的上下員工還在緬懷愛迪生、帕克和領先市場優勢的「美好的往日」，韓國及其他國家的低成本廠商，卻已經慢慢侵佔了市場。獨領風騷的悠久歷史，導致「照明」企業的主管絲毫沒有察覺到競爭的威脅。他們的心態往往是「食古不化」，也不肯接受再訓練。

●安全感——「電力系統」擁有數年的訂單存量，財務健全，以及傳統上的技術優勢，使得企業主管甚至在企業不斷走下坡的時候，仍然覺得很安全。

●改變的氣候——奇異一百年穩定的行政體系，都是鼓勵員工做相同的事情、用相同的辦法，永久都不要改變；因此，改革對整個機構來說是令人痛恨的事。

那麼，對付這些阻力的前提是什麼呢？

前提（1）：指揮鏈是阻力最大的地方，因爲他們的既得利益會受到影響。

●你必須激發起全體員工的改革之心，開始物色新時代的新的領導人才。

●你必須建立一套新的價值觀和行爲規範。

●你必須發明新的機制來幫助員工適應新的環境。

前提（2）：改革的人必須推翻現有體制，代之以他們自己設計的新體系。改革者不會依賴原有的指揮鏈來帶動重大的改革，而是要自己控制住警察、媒體和教育體系。威爾許就是這樣做的。

●警察——奇異內部的審計單位就是警察。審計單位由最高的財務主管負責，許多奇異員工都把它看做是蓋世太保。威爾許廢除了許多措施，建立新的措施，迫使大家正視奇異和競爭對手的比較（而不是只看預算），讓員工重新把精力放在奇異的業務上。因此公司的審計部門就不僅是控制公司，而是協助眾人來改革公司。

●媒體——威爾許控制了所有形式的溝通，從董事會的溝通、安全分析的報告，到用他自己的話、自己的觀念來發表內部的演說。

●學校——奇異的「藍皮書」雖然已經十五年不用了，但是仍然左右著公司文化——威爾許把藍皮書象徵性的燒掉了。他說，以後公司不會有「標準答案」，主管領導必須找出自己的答案。威爾許直接控制克羅頓維爾的管理訓練課程。每隔一個星期，他一定親自到場，爲所有的學員檢查、修正課程方向，從新聘的員工到資深主管，毫無例外。

展望

在改革大戲的第二幕中，相關的人情緒開始變得積極，先前的挫折和恐懼也導入了振奮人心的新方向。改革的目的越來越清楚了。

改革需要振奮人心的理想。改革的痛苦需要一個「新方式」的展望。目前最常見的問題，就是許多領導者提出的理想，往往只是拿一些陳腔濫調來喊喊口號，諸如「顧客導向」、「加速產品週期」、「組織改造」等等。如果沒有具體的行動來支援這些觀念，這些口號很快就會變成倡議改革者的笑柄了。這種嘲笑會導致強烈的譏諷和疏離感，絕不會激發第二幕中希望看到的活力。

一九八一年，威爾許談到中心理想的重要性，就清清楚楚的說明了這一點：

你可以對許多的人談你的理想。大家必須願意接受你的看法，而後你才可能合力實現它，讓每個人都成為贏家，公司也同樣獲利。這就是優秀的領導者發揮的作用，他跟每一個員工都建立了開放、彼此關懷的人際關係。如果你的理想自己都說不清楚，沒辦法讓大家接受認同，那就不必費心了，你不會成功的。成功不會來自權力和頭銜。

勾勒理想的過程充滿創造性，往往也很混亂，需要一再重申闡明。在開始勾畫理想之前，要花時間仔細地描繪清楚公司目前的實際狀況。參考下面的例子，利用技術、行政和文化這三大框架，歸納出結論。這些結論必須是對現行的組織縝密討論後，由參與勾畫理想的經理人員共同提出的心得。這些討論將有助於消弭彼此的分歧，使大家對於需要改革的事物更加敏銳，開始思考未來的理想發展。威爾許一接掌公司，就花了六個月的時間，走訪奇異企業的每一個角落。通過這些訪談，他確實瞭解了奇異眞正的情形。

展望過程的性質就是會一再反復，奇異的價值觀就是一個例子。威爾許一直在修訂奇異的價值觀，從所有可能的來源尋求回饋和意見。

一九九二年：共同價值觀修訂版的重點

●確立一個明確、簡單、務實、顧客至上的思想，同時能夠將此思想，直截了當的傳達給所有的利害相關人。

●要明白負責和決心的重要性，行事果決。訂定遠大、崇高的目標，爲達理想不屈不撓。

●積極追求卓越，摒棄行政官僚和由此帶來的一切不合理現象。

●具有足夠的自信，充分授權他人，做事不要劃地自限。肯定落實行動，作爲授權的一種方式。坦誠接納各方的意見。

●有能力開發全球性品牌，對全球市場保持高度敏感，善於發展多樣化的國際合作關係。

●刺激、珍惜改革，不要因改革而恐懼或癱瘓。視改革爲契機，而非威脅。

●具有充沛的精力，能夠激發他人的活力、動機。

展望過程是一個創造性的、常常是混亂的、多次重復的過程。圍繞中心概念集思廣益和組織創意，然後取得回饋，並且考慮各種利益相關者。這類似於建築師設計藍圖、取得回饋、重新繪圖、重新考慮等。

理想必須包括技術、行政和文化層面的重大改革構想。奇異的成功，也是靠這三方面的觀念互相配合、相輔相成。如果集團權力分散、企業各自爭取業績，可能使得奇異淪爲一個控股公司而已。但是威爾許始終堅信，奇異集團的所有企業之間，必定有互相增強的關係。新的行政觀念能夠允許企業有獨立自主的自由，無須受限於內部的官僚束縛。使各企業團結一致的力量，就是在「無界限」觀念下揭示的共同的價值觀。

威爾許在很短的時間內，就明白揭示了追求第一或第二的技術觀念。不過這個觀念仍然是通過討論、多次修正其意義，直到觀念深入人心。

行政觀念則是綜合的多樣化，一方面要奇異的企業分散管理，同時又要有團結一致的總公司。要讓眾人瞭解這個觀念，花費的時間就長得多了。威爾許先提出企業「所有權」的觀念，但是具體意義並不明確，讓很多經理有所誤解。一直到一九八五年奇異廢除了部門層級，企業直接受轄於總裁，眾人才眞正明白奇異的行政觀念。後來，這個觀念經過多次修訂，演變爲今天的「整合的多樣化」，也就是各大企業自主運作，彼此之間又能夠互相合作，以達到奇異在市場上的整體成功。

確立理想的各項活動中，最熱烈的就是表達價值觀的過程。威爾許不斷地在重新確立，並從各種可能的來源獲得回饋。這套價值體系的基本精神不變，但其具體內容則經過十年的修正，融合各方的意見，以後也會繼續修改。

威爾許讓主管和員工有時間、有機會來構思他們對公司未來的理想，然後傾聽他們的意見，分享眾人的看法，最後建立大家共同的理想。這裡的矛盾是，建立理想並不是一個民主過程。所有的革命或改革，都是由少數的核心團體來領導的，這並不表示領導圈不能容許眾人的參與，而是說最高領導核心必須堅定立場，決定推動改革的技術、行政、文化等方面的根本觀念。

身負領導的責任，你爲公司建立的理想必須是：

- 具有挑戰性
- 明白易懂
- 不是一個人的夢想，而是團體的追求目標
- 不僵化、不死板，能夠隨著時間演進

重建

八〇年代末，奇異展開第三幕的重建，威爾許開始提出二十一世紀的企業理想，明白揭示二十一世紀的企業特色，就在於不分界限。「舊式」公司有一層一層的界限、區隔和指揮鏈，新式企業就是要摒棄這些越來越妨礙生產力的結構，讓資訊不受限於部門或企業界限，能自由流通。最重要的是，唯有如此，奇異才可能達到年年大幅提高生產力的目標。

要掌握自己的命運，唯有不斷的提高生產率水準。威爾許在一九九一年的年度報告中，就針對這個挑戰詳加闡述。他說：

一九九一年再一次提醒我們，在這個競爭激烈、優勝劣敗的全球市場上，提高生產率是企業生存的關鍵。我們可以清楚的看到，如果我們一九九〇、一九九一年的生產率增長情形，跟一九八〇、一九八一年一樣，我們一九九一年的利潤可能就只有三億美元左右，而不會是四十四．三五億美元了。我們也深知，如果不大幅提高生產率，半個世紀才建立起來的企業，可能在兩年內就得關門。提高生產率是企業生存的根本。

多年來，我們一直在高呼掃除奇異公司的行政官僚和層級，也的確廢除了「部門」、「工作群」和其他的上層單位，但還是有太多的層級存在。遺憾的是，奇異的各項事業裏，仍然可以看到各種文件報告，簡直像國家檔案室的東西，每份文件都需要五個、十個甚至更多主管的簽名，才能眞正採取行動。有些企業還是可以看到，小小的工作範圍裡就有多重的管理階層。例如鍋爐工人得向領班報告，領班向設備組長報告，組長向工廠服務經理報告，服務經理又向廠長報告，一層又一層。層級使人孤立，阻礙效率，妨礙溝通。在層級分明的企業裏，上層主管就像是在嚴冬裏穿上很多件毛衣，非常溫暖舒適，但是感受不到眞實的環境。這種主管根本就不知道公司營運的眞相。

在改革的第三幕戲中，一開始就要改變上層領導核心的運作方式。原因有兩個方面，其一，上層主管必須坐而言、起而行，作爲新價値觀和理想的典範；其二，上層主管往往是「舊式」行爲最根深柢固的地方，也最需要改革。

結構重整是指從根本重新規劃人事的安排、配合和決策的過程。上層的結構重整，包括所有的資源配置的決定，也就是預算分配、策略方向、人事安排，以及推廣技術、管理心得、最佳做法所需要的協調。

這項工作要從董事會開始，檢討董事會的主要責任、每個人的任務分工、需要的人力支援、完成的期限等等。結構重建的考慮要素有人事、時間和空間。人事方面，用人必須適才適所；時間方面：要決定公司的目標及巡迴周期，例如營運策略是否需要每年修訂，或是視實際需要再修訂？職位傳承規劃要半年一次或一年一次？空間問題則是人員在哪裏上班，業務在哪裏進行，行政體系有多少階層，人力及業務如何整合等等。

新的奇異以「企業主管委員會」爲核心。過去的企業主管委員會是每個月召開的正式會議，各企業負責人和總裁一起出席，討論營運情形和問題。會議結果都淪爲官僚、唱高調、炫耀業績的場面。

自八〇年代中期開始，企業主管委員會改爲每季召開，完全擺脫正式的排場，唯一的議題就是：身爲奇異十三項業務的負責人，如何配合總裁、副總裁和其他的企業主管，共同將奇異發展爲全球最具競爭力的企業？會議目的是要分享最佳的營運做法，促成奇異多樣化經營的企業之間，能夠有更好的協調。

會議以研討會的形式進行，沒有正式的演說，也不准穿西裝打領帶，每位企業主管都帶著資料，準備與他人分享經驗。大家公開辯論，延長休息時間，晚間的自由活動時間也增加，以便大家有更多的機會，眞正交換意見和心得，而威爾許則扮演催化的角色。這個結構重建，現在已經推廣到奇異的十三項業務中。

一九八六年，威爾許進行了一項調查，研究上層所有的管理流程。這個調查研究，是重建公司上層管理結構的準備工作。

1. 理想中成功的企業

● 多大的規模？多少自主權？對企業負責人有多少授權？授權是取決於企業的

本質、當時的企業環境，或是我們對個別負責人的好惡或其年資？

●在公司結構、職稱用語、薪給制度、營運作風等等問題上，我們容許多大的差異？

●公司內部的橫向和縱向溝通有多少？

2.理想中的企業總裁

●相對於實際運作的企業，總裁應該扮演什麼角色，具有多少許可權？

●除了維持總公司根本的運作之外，總裁應該提供什麼樣的附加價值？

●若以典型的控股公司爲一個極端，高度綜合集權的公司爲另一個極端，我們希望奇異處於這兩個極端之間的什麼地方？

●我們的「理想」，跟經濟周期、對公司主管的信任或其他因素，是否能夠配合，有沒有任何衝突？

●有哪些決策我們確定要由總裁來決定，哪些要由企業負責人決定，又有哪些決策是必須先作判斷（誰來作判斷），才能夠作決定的？

3.理想中的企業幕僚（必須配合理想中的總裁和企業營運）

●要維持企業的存在，總公司必須做到哪些要求？（例如財務報告、稅務會計、股東的溝通等等）

●總裁要發揮理想中的角色及功能，幕僚單位需要什麼樣的行政工作來配合？

●我們希望總公司做到什麼工作，使奇異多樣化經營的各項企業能夠維持一貫的做法？

4.現況跟未來的理想是否能夠配合

●公司政策及落實政策的運作程式，包括向下授權的情形如何？

●實際的管理做法中，有沒有跟公司政策和流程相違背、衝突的地方？

5.如果公司規模擴大三分之一，運作更加複雜，總裁應如何提高管理效率？

●總裁召開會議的次數應該增加、減少或維持不變？

●有哪些事情我們必須綜合全體的共識？又有哪些地方我們可以信任個人的判斷力，僅憑一個人的資訊，就讓總裁做成綜合的決定？

●要作出適時的決定，會受哪些因素影響？如果必須作出急迫的決定，會受哪些因素的阻礙？

●全體會議中，我們是不是太正式、太呆板，或太隨便、太有彈性？

●我們有沒有足夠的「開放」或「空白」時間，讓個人能夠更有效率、更從容的完成自己的任務？

●對於已經授權實施的事情，我們追蹤檢討的情形如何？是不是管得太多、太少，或是恰到好處？

●我們是否有效地運用總裁幕僚？有哪些服務是我們需要但目前欠缺的？同樣，總公司的行政人員運用情形如何？

●總裁通過縱向層級的報告，以及直接接觸群眾，如參與訓練、參觀工廠、圓桌會議等，這兩種溝通管道應該如何維持平衡？目前直接的接觸是否太少或太多？

在重新設計公司最高管理層之後，接下來就要推動全面的改革行動，讓每一個員工都加入改革的行業。奇異把這個過程稱爲「落實」，誠如威爾許一九九〇年所說：

「落實」通常從一系列定期的「鎮民大會」開始，讓一個企業裏跨部門的人員，有機會面對面溝通，包括生產部門、工程部門、顧客服務部、全職和兼職人員、高層和基層員工等等。這些人員在日常工作中，往往都是固守自己的崗位，根本難得有機會相互接觸。

這些聚會的初步目的非常簡單——打破行政官僚的積弊，諸如多重的審核關卡，不必要的公文、報告、例行公事、程式等等。起初大家還不太習慣，也不太敢講話。但是一段時間之後，各方面的意見開始湧現，尤其是大家看到前面提出的意見都獲得回應，已經採取具體的行動，意見更是踴躍。

下一階段的「落實」活動，就要檢討每個企業中複雜的運作流程，保留重點而摒棄其他次要的東西，另外設計更簡單、更有效率的做法。接下來，每個單位互相觀摩競爭，公司也要跟全球最好的企業競爭，刺激所有的人不斷提高卓越的標準。

「落實」活動應該有公司各階層、各部門的人員共同參與，同時有內部專業人才或外聘顧問的指導。爲了建立互信和心理的認同，「落實」活動應該先從打破官僚積弊著手。

以下是「奇異醫療設備系統」落實行動的實例。

一九八八年秋，奇異醫療設備系統（GEMS）舉行一連五天的非正式研討會，從此展開落實行動。參與研討會的員工，上從高級副總經理、集團主管特雷尼和他的幕僚，下至技術、財務、業務、服務、營銷、生產各部門的非正式領導成員，約有五十人。特雷尼挑選的非正式領導成員，都是在工作上願意冒險、希望改變現狀、對公司有重大貢獻的員工。

研討會之前，我們進行了兩項重要的預備措施。首先，我們深入訪談GEMS的各級主管，發現主管對於現行做法有許多的批評和反對意見，包括評量考核制度（制度太繁複，未能以顧客為重點）、薪給制度（缺乏工作目標、賞罰標準不定）、升遷制度（升遷管道不明，工作表現的回饋不足），以及工作環境（責難、害怕、不信任感，導致員工無法全心為公司賣力）。以下就是我們在訪談中聽到的一些意見：

● 「我深感挫折，我希望有更好的表現，也知道如何做好，但我無法做到。我覺得我的手腳被捆住，根本沒有時間。我需要幫助，讓我知道在新的企業文化裡怎樣授權、怎樣運作。」

●「精簡人事、減少層級的方向是正確的。但是執行情況令人討厭。精簡的精神是要廢除一大堆『次要』的工作，但事實上根本沒有改變。我們還是得照著舊有的政策和體系做事，一步也不能少。」

●「我不知所措，我能夠、也想把工作做得更好。解決問題不只是增加新的人員，我甚至不想這樣做。我們需要協力合作制訂計畫並實施。主管們必須停止堆積任務，並幫助我們確定優先次序。」

其次，在第一次研討會之前，威爾許到GEMS總部視察，用半天的時間跟準備參加研討會的成員開會。以下是中級主管提出的意見：

●對高級主管：「仔細想想中級主管的意見，讓我們覺得上司把我們當專業人才看待，尊重我們的意見。威爾許和特雷尼似乎抱著太多先入爲主的看法。」

●對高級主管：「多聽聽大家的心聲，不要光會發表自己的高見。相信我們的判斷力，不要老是在事後批評。我們是成人，不要把我們當小孩子看待。」

●關於他們自己：「我建議中斷工作，我將盡量找出我授權中的盲點。我派出的任何代表，都會『逼』同仁抵制改革。」

●關於他們自己：「以後做決定我會更大膽，不再接受現狀。我將要求上司給我更大的決策權力。事實上，很多事情我將自己做決定。」

落實研討會——五天的「落實」研討會，旨在評估GEMS複雜的人際關係、部門之間的互動，和正式的工作流程，通過跨部門的人員共同檢討眞正的問題所在，擬定未來的理想。

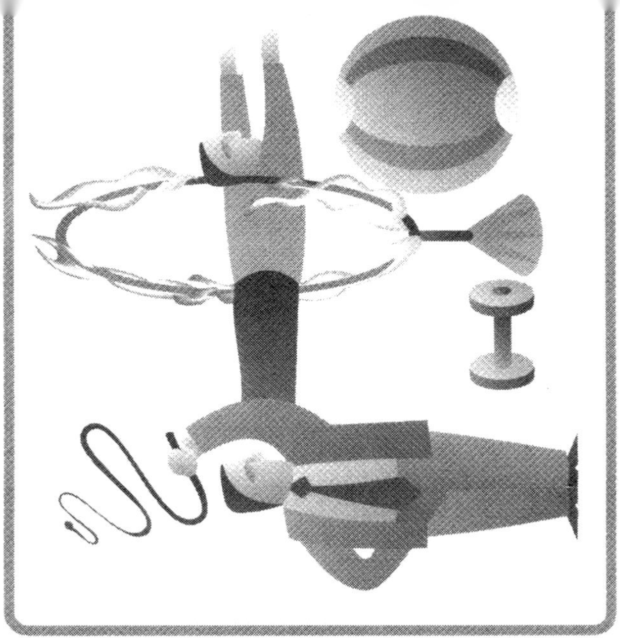

強化企業的引擎

Part 2

強化企業的引擎

PART 2

第7章　改變是機會，不是威脅

奇異公司的改革足以證明，從企業內部進行重大的組織變革是可以做到的，而且在公司經營成功的時候進行。奇異就是連續十多年創下空前的利潤之後，對公司進行重新塑造的。

關鍵是觀念的改變

在對科學管理的教義未做根本性挑戰的情況下，奇異的瓊斯對於奇異的貢獻或許已經相當不錯了。他創立了諸如塑膠和航空發動機等成績傑出的企業，巧妙地引導奇異退出電腦市場，並且努力推動技術進步及國際市場的拓展。但是在瓊斯任期內，企業環境變化的程度實在太大：曾經爲奇異和其他許多企業創造無數財富的科學管理，已經逐漸派不上用場，在走下坡路。到了七〇年代末期，傳統的管理方式已經到了衰微的階段——不僅在奇異，而且在整個美國企業界孵育出一種浪費的官僚制度。

現實情況是，七〇年代末期，沒有一個企業能快速成長。即使有金融服務和其他增長迅速的熱門產業加入，奇異整個公司的收入增長還是相當緩慢，甚至比不上通貨膨脹的速度。不止奇異如此，以固定美元值計算的話，美國非金融企業的淨收入，從一九七五年以後平均每年下跌2%，由此造成了奇異的財務困境，因爲公司必須投資大量的資金，維持它在航空發動機、核能和電腦（一九七〇年以前）產業的地位。

公司的股價也停滯不前，在一九八〇年期間，奇異的股價從未高過每股十六美元（股票分割調整後）——比一九七二年瓊斯就任時的最高點下滑了13%。這段期間，公司固定將一半左右的收入作爲支付股利之用。即使如此，在瓊斯就任時買進的股票，如果扣除通貨膨脹率的因素，到瓊斯退休時，大概損失25%，平均每年損失8%。大約同期，道瓊工業指數扣除通貨膨脹因素後，平均下跌15%左右。

威爾許作爲一個六〇年代反抗權威觀點的年輕人，痛恨存在於奇異組織的官僚體系，把它們稱之爲「累贅」——其中包括奇異公司裏的人員。沒有忠於傳統的包袱，加上對於低效率的難以容忍，威爾許造成的震動，遠大於他的前任總裁，他的「在必須變革之前作出變革」的哲學，使他在問題徵兆出現以前，就率先對潛在的問題展開進攻。

在性情和管理風格上，威爾許和瓊斯剛好是兩個極端。瓊斯比較注重形式和被動，威爾許則是百無禁忌地敢作敢爲。瓊斯的大部分決策，都是根據別人提供的資訊作出的。在某種程度上，下面奉承的部屬經常無視奇異的困境，而他自己則有失聰眼盲的風險。但是老實說，他也發現了一些部屬看不出來的重大問題，譬如奇異在技術上的弱點。比較不明顯的，至少對外人而言，則是兩人的相似之處：在檢查了奇異的各企業後，他們看到了相同的問題——並且得到相同的結論。光憑這一點就足以使瓊斯信任這位後起之秀。

威爾許相信，奇異過去的成功，爲現在及未來種下困難的種子，他希望能夠採取行動，加以補救。在不斷變化的環境下，很少經營觀念能夠長久奏效；隔一段時間，即使曾經非常成功的概念也必須放棄。但是奇異百年以來的經驗，深植在僵化的企業文化和崇高權威的組織結構之中。

企業文化是定義適當行爲的一切不成文的規範、信仰和價值觀的總合。只要經歷一段時期，幾乎每個企業都會發展出它自己的風格，例如：德士古公司（Texaco）是以美國東海岸的嚴肅和服從權威著稱；Pennzoil則是經常展現出牛仔瀟灑的痕跡。和人的個性一樣，企業文化是性情與經驗互相作用的結果。經過一段時間之後，它們會從有意識的行爲轉化成習慣。在沒有其他代替方案的情況下，人們會墨守一度有用的信仰或行爲。

在企業中如同在生活中，墨守成規常會帶來麻煩。發脾氣或許對小孩子有效，但是對成人發怒只會招來反抗。同樣的道理，教導員工服從權威，一開始可以建立所需的紀律，但是卻會箝制創造性的思考。對於威爾許或是任何人而言，要分辨有用的習性和破壞性的惡習，需要有得之不易的冷靜客觀。

每一家公司初期發展出來的企業風格，就像決定生物特徵的遺傳基因。每一代基因的混合都會改變，爲了發展出達爾文進化論所講的競爭力量，企業都會盡可能地朝這方向發展。但是不論後期的基因如何混合，基因遺傳還是具有相當大的影響力。在企業和科學上，我們能夠改變這種基本結構的能力還很粗淺。我們所採取的行動，可能有很長的一段時間看不出它的結果。

一九七七年，瓊斯提拔當時只有四十二歲的威爾許擔任公司的副總裁，這是他第一次踏入費爾菲爾德的總公司。《幸福》雜誌精彩地形容了這個初生之犢見到這個官僚城堡時的景象：

在以觸控按鈕操縱高級主管辦公室大門的建築物裏，威爾許的感受是身處帝俄時代的官僚制度之下。……瓊斯對於資訊資料的饑渴，導致可笑的資訊泛濫。

現任奇異財務總長，當年四十三歲的丹尼斯．戴默曼（Dennis Dammerman）說，他必須關掉電腦，以防止它印出七份奇異各個企業的日報表。光是一份報告就有十二英尺高，內容包括每項產品的詳細銷售資料——精確到一分一毫——產品類別更是成千上萬。

官僚制度，一方面以大量無用的資料消耗高級主管的精力，另一方面則奴役中級主管們努力去收集資料。公司的老人們表示已經無法掌握事實，浮現的都是假象。摘要報告變成盈尺巨冊。高級主管只能簡略跳著看，反而必須依賴幕僚提供「內幕消息」，好在開會時嚇嚇部屬。

這一切的代價可能高到無法計算。曾經一度是一大競爭優勢的科學管理，曾幾何時已經淪落爲進步的障礙。如同瓊斯自己承認，原本爲了強化奇異所創建的幕僚制度，已經成爲奇異的弱點了。

機會主義

「有計畫的機會主義」是威爾許管理思想的精髓。

「有計畫的機會主義」的典型例子，就是威爾許很早就決定要進軍海外。在執行阻止外國公司在美國境內銷售和「里桑」同型產品的目標的同時，導致他追求另外一個更廣泛的目標：雄霸全球市場。和受專利權保護的「諾爾」不同，「里桑」之類的聚合物並非專利產品，另一個歐洲廠商——德國的拜耳公司，已經在銷售和「里桑」類似的產品。

威爾許本能地認爲，阻止其他公司進入自己領域的最佳方法，就是攻入對方的陣地。於是奇異塑膠投資五千五百萬美元，在荷蘭興建了一家塑膠工廠。

艾克特解釋說：「我們覺得，如果我們不在各個市場中發揮作用，我們將勢必被擊垮。」所以在荷蘭廠開始有利潤回收之後，奇異塑膠就和日本、澳洲洽談合資生產，並且在德國、英國和法國等地成立營銷中心。在一九七七年，奇異塑膠是同類塑膠產品中的世界領導者，有26%的營業收入來自海外。在人們開始討論全球化之前，威爾許已經默默地進行好幾年了。

奇異塑膠發展的速度實在太快，迫使威爾許經常需要向上級請求擴充投資。他會在需求實際發生之前，就預先申請擴張融資，而不是等到工廠實際遭遇生產能力問題時才提出，所以公司的增長速度不會因供不應求而停滯。在那個時代，預先改變就已經是他的經營守則之一了。

當奇異其他企業單位的主管，只努力追求和美國的GNP增長度相當的增長目標時，塑膠企業已有了更高的目標。威爾許說：

「我來自實力雄厚的企業單位。每個人都應該到快速增長的企業——如塑膠或金融服務業工作，因爲只要他們這樣做了，他們的標準便會提高。如果一個人一輩子只待在每年只增長3％的企業裏，那麼當他達到3.5％的增長時，他便以爲不得了。有很多管理者根本不知道一個好的企業是什麼模樣。」

威爾許接著引述莫爾特克將軍的話，解釋何謂「有計畫的機會主義」。威爾許滿懷激情地推銷他的偉大主張，作爲演說的結束：奇異在涉足的市場內，要成爲第一或第二大公司。他告訴證券分析家們說：「我們相信成爲第一或第二的這個中心思想，會給我們帶來一個在八〇年代末，能在世界企業中獨樹一幟的企業集團。」威爾許的一番話，讓這些以分析資料爲生的現實主義者大惑不解。這個策略似乎非常含混模糊，也許毫無意義。總之，大家覺得很無聊。

當然，當事情有了成果之後，威爾許簡單的策略思想就顯出它的威力了。到一九九一年時，奇異的企業全數成爲市場的領導者，它的競爭出擊爲全世界所肯定和畏懼。但是一九八一年在皮埃爾飯店時，大部分證券分析家們對威爾許都頗爲失望。他們要的是資料性的資料，而奇異給他們的卻只是一套理論。

當議程進行到回答問題的部分時，對於這次演說非常興奮的威爾許，迫不急待地想和與會的所有人士辯論各種問題。有一個分析家站起來問了一個問題，這個問題決定了整個會場的氣氛。他說：「請問世界銅價的波動，對奇異下年度的收入有何影響？」

「那有什麼差別嗎？」被激怒的威爾許怒吼著，他說：「你應該問我打算從哪裏著手整頓公司才對。」

對威爾許好奇多於瞭解的分析家們給他的評論，都是正面的——但是大部分的人都忽略了他的思想。華爾街最頂尖聰明的精英，也不能瞭解理念的重要性。

這不能責怪他們。企業界人士多半視自己爲講究實際的人物，是只將自己注意力放在有事實根據事物上的實行家。他們認爲主管就是分析資訊、做出困難抉擇，然後通過權力的巧妙運用，行使個人意志的決策者。

這是大部分商學院和實際企業經驗所傳授的看法，這也是爲什麼許多主管沒有作好領導企業走向二十一世紀的準備的原因。

為未來做準備

威爾許和他的支持者在最初兩年迸出許多火花，但是所有的吶喊和干預、裁員的痛苦，以及對新觀念越來越多的宣傳，似乎仍無法在奇異內部喚起大家意識到，企業需要多麼深遠的改革。

抵制，從職位岌岌可危的計時制工人，一直蔓延到高級主管，有些企業的主管還麻木遲鈍地阻礙威爾許改造公司的計畫。他們不是直接地反對，而是陽奉陰違地口頭上稱是。他們實際上只考慮對他們企業最有利的事情，而不是協助威爾許推動改革計畫。震驚、恐懼和不願意改變，整個公司各階層都頑固地不願拋棄老的奇異。

但是到一九八四年底時，老奇異已經不復存在了。威爾許已將老奇異脫胎換骨，這一點讓奇異同仁認識到改革是不可避免的。有了共同的認識後，奇異的革命就站住了腳。

威爾許在一九八三和一九八四兩年間，馬不停蹄地分解和重組奇異有百年歷史的企業組合，讓許多奇異的元老嚇得目瞪口呆。爲了實現整頓、關閉和出售未達要求的企業的諾言，奇異總共撤走了從煤礦到電熨斗等一百一十七個企業的資金。在威爾許就任後的頭四年，他總共清算了一九八一年二百一十億美元總資產的五分之一。

早期的購併和撤資一樣，證明威爾許要改革老邁的企業文化。有一些購併的企業和奇異光榮的遺產毫無關連。其中最引人矚目、金額最高的購併，是奇異以十一億美元，從德士古公司手中買下「雇主再保險公司」。它後來成爲威爾許創業生涯中最賺錢的事業。但是有些人想不通爲什麼奇異要去經營保險業？爲何不將十一億美元投資在電機或照明企業呢？甚至於核能部門的人也認爲他們值得分一杯羹。

缺乏共識使得威爾許不得不使用強迫的手段。要做的事情太多，而時間卻相當有限，更重要的是得不到他需要的幫助。每場比賽都志在必得的威爾許，以每季利潤要有穩定增長的規定維持他的要求，甚至以強迫大量投資和大規模重整組織的混亂爲代價，爲更遙遠的未來預做準備。在那段期間，威爾許遭受的批評是，他的許多措施都是破壞性的。然而，這些混亂是有方法對付的，這是更新之前的創造性破壞。因爲及早面對現實並加以適應，今天的奇異才能夠在許多公司面臨比威爾許當年更糟的處境而痛苦時，表現出欣欣向榮的繁榮景象。

在革命過程中，要喚醒人們瞭解改革的必要性。它需要果決和勇往直前的行動，以及願意面對衝突的意願，這時候，領導人必須掃除從中阻撓的任何障礙。

「你必須是這個行業中的翹楚，要不然就不要長久經營。」威爾許於一九八三年的公司年報中這麼寫道。當時，學到教訓的奇異人已經明白，這不只是經營觀念的表達而已。

企業的轉型

一九八四年，當時奇異將小家電部門出售給布萊克．德克公司。三億美元的交易以奇異而言，並非什麼大不了的金額，也合乎邏輯。但是這項撤資行動卻引起奇異員工的喧騰與痛苦的哀號，他們認爲威爾許的行爲，簡直有如謀殺教皇並將梵蒂岡出售給暴民一般十惡不赦。

指控者宣稱，威爾許出售小家電的罪行，是將美國千萬家庭生活核心中的奇異「肉丸」給毀了。按奇異的說法，「肉丸」指的是以古體英文草寫的奇異標誌，外加一個圓圈，看起來很像一個肉丸。銷售合約同意三年之內，布萊克．德克公司可以繼續用奇異的名稱和商標製造及營銷小家電。但是三年之後，奇異的商標就永遠在小家電中消失。

外人恐怕很難理解，爲什麼這件事會在奇異內部引起這麼大的痛苦。這是人類情感在商業的理性世界發揮強大威力的另一明證。

小家電已經變成了夕陽事業，但是懷舊的奇異人並不在乎。自從奇異於一九〇五年起開始銷售第一台烤麵包機開始，小家電就成爲公司標誌的一部分。這個受人鍾愛的奇異象徵，蓋在奇異生產的電熨斗、烤麵包機、時鐘、果汁機、咖啡壺和吹風機上——是遠溯到愛迪生時代的傳統與榮耀的標誌——曾經一度被視爲美國現代家庭的象徵。在某些奇異員工的心裏，它是結合奇異和百萬美國消費者的象徵標誌。

經過一段時間，這種感情演變成一種更危險的看法：小家電奇異的基本識別標誌，它使企業本身變得神聖不可侵犯。威爾許認爲出售小家電企業，代表奇異完全拋棄傳統。如同《紐約時報》的評論：「就像GM（通用汽車）宣布不再製造汽車一樣。」

對於奇異以二十四億美元出售一九六七年買進的猶他國際礦業公司，大家只是聳聳肩表示無所謂，這是副總裁鮑曼巧妙機智地安排這項撤資行動。雖然猶他國際礦業的規模和重要性是小家電的十倍，但是它從未進入公司的感情世界。然而奇異人「鍾愛」小家電部門，就像他們鍾愛漢堡和棒球一樣。當他們談到小家電部門被出售一事，就像談到被人出賣一樣，你可以從他們的眼中看出他們內心的傷痛。如此攻擊老奇異的明顯象徵，事實上，威爾許等於是向自己的員工宣戰。

或許是被自己的理性所蒙蔽，威爾許最初以爲出售小家電部門是一項輕鬆容易的決定。他知道奇異最重要的顧客——能讓奇異利潤增長的顧客，不是購買每只二十美元電動開罐器的一般家庭。在一九八四年時，公司營業收入有四分之三是來自如航空公司、電力公司、百貨公司和製造廠等非個人的大型企業。威爾許眼中未來的奇異，是每筆交易在一百萬美元以上的大事業：諸如噴氣發動機、渦輪機、信用卡處理服務、塑膠原料等大宗交易。的確，在一九九一年時，奇異的消費性產品，例如燈炮和電冰箱，只占公司利潤的10％。

威爾許在擔任消費性產品部門主管時，就發現小家電在財務方面的弱點。在一九八四年時，雖然有些產品的市場佔有率在五成以上，但是小家電並沒有利潤，而且還經常出現赤字。它在市場上的領導地位，由於市場結構的特殊而顯得不重要。小家電市場分散成許多獨立且規模不大的微利市場，例如咖啡壺和捲髮器等等。這些家電的銷售主要依靠技術與設計。專注在某項產品的公司，譬如Con-Airs的食品加工機「烹飪家」（Cuisinart），在產品開發方面一直領先於一般製造商的奇異。而且很少有個別市場的規模，大到足以值得奇異花費大筆金錢，在研究開發上迎頭趕上。小家電部門的主管賴特的觀點和威爾許一致，認爲找不出繼續經營小家電的理由。禿頭、鐵石心腸的賴特原本是律師，從早年擔任塑膠部門的總顧問起，就一直是威爾許的心腹。小家電部門出售後，他轉到金融服務部門，後來又接掌全國廣播公司電視臺，這是奇異於一九八六年購併的RCA的一部分企業。

出售小家電企業是對奇異人的多愁善感連續猛攻的第一擊，它使得威爾許在他領導的員工中樹立許多敵人。

然而，這個暴躁的愛爾蘭人所造成的衝突，卻加速了奇異人自我發現的過程，迫使一些不可檢查的問題公開化。這是記憶中奇異上下全體員工第一次仔細思考奇異的使命、質疑它的假設，以及討論不可明說的問題。

至少，他們開始爲自己思考了。

到一九八三年和一九八四年，當威爾許專注於重新調整奇異的企業組合時，他也努力地想清楚地表達指導他行動的眼光。他在技術領域有快速的進展，但是在政治和文化方面卻少有影響。

如此壁壘分明的現象，是革命初期階段的典型現象，卻使得威爾許非常沮喪。在權力的支撐之下，一個領導人可以很容易地完成技術改革的目標，譬如買賣企業單位；但是要改變人心卻不容易。列寧創造了蘇聯的集體事業，但是只有權力，卻無法使這些事業興旺發達。

第8章　重組、關閉或出售

二十世紀九〇年代初期是NBC的艱困年代，因此一直有傳言說威爾許要賣掉這家電視公司。那些預言NBC一定會被賣掉的人，多半都忘了考慮威爾許一項關鍵的企業策略：改革、關閉或出售。

威爾許對電視網有一股特別的感情，擁有NBC的感覺，要比擁有電燈泡事業棒多了——因爲那是《歡樂單身派對》（Seinfield）、《急診室的春天》（ER）、《今夜》（The Tonight Show）這些節目的家。再加上NBC執行長賴特的鼓吹，因爲他相信他有能力扭轉這家電視網，威爾許決定要以一連串快速、高明的措施「整頓」NBC。

受夠了NBC在九〇年代初期時原有的部門負責人，威爾許和賴特決定撤換現任的管理者，換上更有企業心、更企業化的領導人。在娛樂部門，他們選了唐・歐梅爾（Don Ohlmeyer）；新聞部門，他們找來安迪・萊克（Andy Lack）；體育部門，則是迪克・艾伯索（Dick Ebersol）負責。一旦這三巨頭就位，威爾許和賴特有信心NBC眞的可以大肆「改革」一番了。

將整頓團隊視為一體

一九九三年初，賴特找到了體育和娛樂節目製片人唐．歐梅爾，當時他在經營自己的製片公司，賴特提出想讓他接任NBC西岸的總裁。歐梅爾要求對娛樂部有完全的控制權，並可以更自由地在節目製作上投資。賴特同意了。

在賴特任命的所有經理中，歐梅爾取得了最好的成績，貫徹了威爾許喜愛的一個商業策略。通過每天下午在「作戰室」開個部門經理的碰頭會，歐梅爾打破了部門的內部障礙。

在歐梅爾領導之下，NBC設計出一套非常有效的新宣傳手法：「必看電視」成爲新語彙。NBC是第一個取消節目與節目間廣告的電視網，這讓收看任何節目的觀眾會想繼續收看下一個節目。經過艱苦的起步後，《李諾今夜現場》（The Tonight Show with Jay Leno）在接連請到好萊塢藝人休葛蘭和NBA籃球明星魔術強森等話題人物後，收視率總算超越CBS的《賴特曼夜線》（Late Show with David Letterman）。

但白天的電視節目還是落後於對手——這個時段一向是NBC的弱點——不過，電視網在歐梅爾的領導下，在獲利和收視率上都有重大的進步。

歐梅爾說明了他成功的秘訣，而那幾乎就是傑克的翻版：「人們常會把這個事業加以神話化。他們稱這一群人有『超級膽識』。其實，這和其他事業沒有什麼不同，你要注意細節、必須有好品味、知道自己在幹什麼。你找合適的人來，給他們需要的資源，你就成功了。」

歐梅爾讓NBC在黃金時段的節目收視率，維持三年的穩定成長，並且吸引到廣告商喜歡的年輕族群。他到NBC的十八個月裏，就製作出《歡樂一家親》（Frasier）、《六人行》（Friends）和《急診室的春天》等超級大熱門節目。

他在NBC的工作是卓有成效的，他還贏得了十五項艾美獎。他使NBC的娛樂節目的收視率從第三位升至第一位；電視網的年利潤從一九九三年的二．六四億美元增至一九九五年的七．八億美元。歐梅爾總是有點兒心直口快。他常把羅伯特．默多克（Rupert Murdoch）和希特勒作比較，還把麥可．奧維茲（Michael Ovitz）當作反對基督教者。他把那些擁有板球隊的大老闆稱爲「腦損傷」者，並聲稱他的好朋友辛普森不是雙重謀殺者。賴特和威爾許並不怪罪歐梅爾這一點。賴特承認有時在歐梅爾的發作時有所讓步，但接著堅持說：「總的來說，他總是稱職的。」

「我們每個人都有唐的特徵。」威爾許說，「但我們中的多數人無法變成唐。我們自己把自己局限住了。」

就新聞部而言，賴特知道需要一個新面孔。湯姆．布羅考也深知這一點。布羅考找到威爾許：「我談到了新部門的團結以及其中體現的奇異的精神。威爾許很快明白了這一點。他比我還要早地明白了這一個問題。他說：我們必須做些什麼。這時我們發現了安迪．萊克。」

賴特任命萊克，一個激進的CBS新聞製片人，來掌管NBC新聞部。像唐．歐梅爾一樣，萊克具有企業家精神；他曾經做過廣告，編導過一部電視電影，還創辦了CBS新聞雜誌《西部五十七號》（West 57th）。

自從萊克上任以來，《今日節目》已在早晨佔據了大部分市場，《每日電訊》（Dateline）也取得了商業上的成功。湯姆．布羅考的《晚間新聞》在與ABC電視臺彼得．詹寧斯（Peter Jennings）主持的《今晚世界新聞》從八〇年代末開始的爭奪中，取得了有利地位。

爭取奧運轉播權

爲了管理NBC體育部，萊特聘來了艾伯索。艾伯索和歐梅爾曾一起在ABC體育部的魯尼．阿雷吉（Roone Arledge）底下做事。艾伯索曾製作職業摔角節目《周末夜現場》（Saturday Night Live），以及鮑伯．科斯塔（Bob Costa）的NBC深夜脫口秀節目。

找來歐梅爾、萊克和艾伯索這樣的主管是賴特的意思，這些人對於電視製作都有天賦的直覺——而這是賴特所沒有的。接受了傑克．威爾許最鍾愛的管理理念，賴特有效率地開創了遠景，讓他的三位最高主管去執行，唯一的要求是他們行動要快——而這又是威爾許的另一個策略。

威爾許強調速度的戰略，從下例中可見一般。在迪士尼——ABC和以及西屋合併不久，賴特就召集負責NBC奧運會轉播的艾伯索和法爾科（Randy Falco）參加一九九五年八月的會議。自從威爾許擔任首席執行長以來，NBC已經轉播了三屆奧運會，迪克．艾伯索還想得到雪梨二〇〇〇年奧運會的轉播權。賴特告訴威爾許，艾伯索為了把風險控制到最低，想和ABC電視網聯合對雪梨二〇〇〇年奧運會轉播權投標。威爾許和賴特對聯合投標的態度不大積極。艾伯索還想對二〇〇二年鹽湖城冬季奧運會投標，但出價還未被接受。賴特想把所有奧運會投資都下注在雪梨。也許NBC可以同時對雪梨和鹽湖城投標，雖然從來沒試過，但為什麼不試一試呢？這種想法有一大優勢：它可以讓同一個廣告商同時投資於兩個奧運會。

賴特把這想法告訴了威爾許，威爾許當場拍板敲定，並派了一架奇異專機送賴特和法爾科去蒙特婁和瑞典國際奧會官員遊說這一計畫。最後終於達成了一價值十二．五億美元的交易。

後來，艾伯索和國際奧會進行了一個更大的交易，以二十三．三億美元的價格，購得了截止至二〇〇八年的所有奧運會的轉播權。等到ABC、CBS和福斯公司回過神來時，奧運會的轉播權之爭已經結束了：NBC以三十五．八億美元的價格，得到了今後六屆奧運會中五屆的美國電視轉播權（CBS以前曾購得一九九八年冬奧會的轉播權）。威爾許和賴特在總結這次勝利時，都稱達成交易的關鍵因素是行動迅速。

傑克．威爾許對大數目的投資能夠迅速作出決定並非易事。他承認說，除了決定解雇誰之外，最難做出的決定就要算奇異的大額投資了：

> 做點小買賣是世界上最簡單的工作……，因爲我有個大公司，「小買賣」意思是投資一億、五千萬、三千萬或七千萬。做二十億美元、五十億美元或四十億美元的大買賣就不同了。……你會改變遊戲規則（是個巨大的挑戰）。你要冒著損害公司

聲譽的風險。你可能會攪得天翻地覆。

那麼，他做過的最困難的投資決定是什麼呢？「都不容易，」他回答說，「都不容易。」

一九九五年到一九九六年，NBC體育部創造了電視歷史上最大的輝煌，它轉播了世界系列賽、NBA總決賽、亞特蘭大奧運會、美國高爾夫球公開賽、聖母馬利亞大學橄欖球賽。NBC轉播的奧運會比賽，觀眾人數創紀錄地達到了二・九億人次。本屆奧運會也成爲NBC電視網和NBC附屬公司獲益最豐的一次。

有線電視的好處

整體上而言，這家電視網在一九九五年時是最豐收的一年（七・三八億美元）；這是連續第三年有兩位數的獲利成長，占奇異全部盈餘的7.6%。這一年的營收也是破紀錄的三十九億美元，占奇異整體營收的5.6%。這些成就是由NBC擁有和營運的電視網，以及商業和金融新聞網CNBC所締造的。NBC也橫掃所有黃金時段的收視率冠軍，更是一九九五年唯一收視成長的電視臺。兩個才上檔一年的新節目

——《現代男女啓示錄》（The Single Guy）和《城裏的卡洛琳》（Caroline in the City）與《六人行》、《急診室的春天》和《歡樂單身派對》，都長駐前十大節目排行榜（雖然《現代男女啓示錄》後來停播了）。

在國際上，NBC則繼續擴張，提供四個海外頻道，兩個在歐洲，兩個在亞洲，總計有七千萬全天候收視戶。一九九六年，NBC在歐洲和亞洲的國際營運，總共花費了六千五百萬美元。

一九九六年這一年，是NBC七十年歷史中獲利最豐碩的一年，也是連續第四年獲得兩位數的收入成長。NBC這一年也繼續維持住其黃金檔的收視率，並不斷向全球擴張發展它的服務。

但NBC最大的勝利，還是賴特和微軟的比爾．蓋茲達成的合作計畫，使得NBC不必花錢就能開闢新聞頻道。因此，一九九六年七月，一個二十四小時的新聞暨資訊頻道MSNBC有線頻道，以及全方位、互動式、線上新聞服務的網路MSNBC誕生了。MSNBC在二千二百萬個訂戶的支援下上路了，這是史上新有線頻道開播時所擁有的最大訂戶群；該頻道並承諾在一九九九年時，要破五千五百萬個收視戶。福斯新聞網在一九九七年二月時陷入困境，只有一千九百萬戶收視。賴特卻讓他新誕生的電視網MSNBC成爲僅次於CNN的第二名。

NBC預計在MSNBC這個新頻道打平之前，先投入二．五億美元。儘管MSNBC的收視率不高，但也有三千五百萬個收視戶，因此資產價値仍達十億美元左右。

高明地將NBC的版圖擴張成有線、多媒體和全球性電視，賴特率領NBC連續第四年創下破紀錄的盈餘和收入，一九九六年這一年就有五十億美元的入賬，和九．六億美元的營運獲利。NBC單從電視網就有五億美元的獲利，另有接近五億美元的收入，來自有線和電視臺的營運。

到了一九九七年，NBC成爲奇異的主要搖錢樹之一。賴特將NBC膨脹的員工人數，由八千人裁減至五千人以下的全職人員，省下一．二億美元的日常營運開支。

無聊的節目

NBC在一九九七年繁榮的主要原因之一，是每周的情景劇——《歡樂單身派對》，電視發展史上一個有影響的節目。然而，有些人，包括演員，都開玩笑說《歡樂單身派對》實際上是個「無聊的節目」，它的快節奏、機智的臺詞、緊湊的情節，使之成爲現代美國家庭每周必看的電視節目。

當NBC在一九九七年秋季支付一．二億美元，把《歡樂單身派對》帶入第九個年頭時（這超過NBC每年黃金時段總預算的10%），投資終於有了回報：單是從該節目的廣告中，NBC就收回了一．八億美元。《歡樂單身派對》也成爲每分鐘廣告價值超過一百萬美元的第一個電視連續劇。

由於《歡樂單身派對》和它的鉅額廣告收入，一九九六年NBC電視網的利潤是另一個，也是唯一的一個盈利的電視網，是ABC的七倍之多。

直到一九九七年五月十二日前的幾天，NBC計畫披露它的秋季節目表時，還不清楚《歡樂單身派對》會不會繼續辦下去。傑瑞．塞恩費爾德和其他演員威脅要求NBC漲工資，否則就罷演。《歡樂單身派對》爲自己贏得了前所未有的交易，編劇、演出、製片，他個人收入爲二千二百萬美元，這使NBC的利潤又損失了一塊。其他三個主要演員傑森．亞歷山大（Jason Alexander，George）、麥可．理查（Michael Richards，Kramer）和茱麗亞．露易絲-德雷弗思（Julia Louis-Dreyfus，Elaine）也不好對付。最後NBC慷慨解囊，每人每季付了一千三百萬美元了事。

有意思的是，《歡樂單身派對》一九八九年剛開演的時候並不順利，頭四年它的收視率也很平常。它只是在一九九三年NBC把它安排在星期三晚間的高收視率的

《Cheers》節目後面，才得以紅極一時。

《歡樂單身派對》對電視商業上的影響令人吃驚。它在紐約城區晚間十一點的重播，比電視網的新聞節目的收視率還高，甚至超過NBC。安排在《歡樂單身派對》前面和後面的情景劇都會增加數百萬觀眾。

一九九七年十二月底，傑瑞．塞恩費爾德聲稱他要在一九九七年至一九九八電視季末中止該節目。《歡樂單身派對》對NBC太重要了，以至於威爾許親自加以干預——但結果是徒勞的。《歡樂單身派對》的理由——他想在觀眾仍然喜歡的時候結束該節目——這無疑不能令威爾許滿意。一個飛機發動機或電燈泡廠正如日中天並且蒸蒸日上時，難道他能宣布讓其「退休」嗎？

傳播文化

威爾許和賴特是如何扭轉NBC的呢？他們的方法是找對人來經營這家電視臺。威爾許很喜歡賴特為NBC所做的事：

賴特就如交響樂團的指揮，他能夠接受所有別人極端的自我。他不必自己去敲鑼打鼓，他非常有自信、有能力。他給（團隊）足夠的自由。他找來三名製作人，都是知名的領導型人物，又給他們最大的舞臺，讓他們自由表演——這是最有勇氣和聰明的作法。

威爾許和賴特讓NBC起死回生，正是做了批評者不讓他們做的事，把奇異的進取文化植入NBC。他們遇到了——最終克服了——NBC內外人們的阻力，後者曾堅持認爲，因爲電視業是一個創造性的產業，適用於其他行業的傳統規則並不適於NBC，也不會有用。

其中一個傳統規則是降低成本。雖然，NBC新聞官員認爲節約成本的觀點與新聞業務毫不相關，但威爾許和賴特熱情不減。他們兩個持不同特點——並且最終贏了——這些年來節約經營成本達四億美元。

在NBC，你會常聽到人們說，威爾許和賴特不懂如何經營電視網。威爾許對此回答說：

有人問，「傑克，你怎麼會在NBC呢？你對戲劇或電視劇一點都不瞭解。」可我也不會造飛機發動機，我同樣不會造汽輪機。我在奇異的工作是利用資源——人力和財力。奇異的整體管理哲學是挖來最優秀的人才，給他們世界上所有的支援，讓他們放手去做，不管是生產汽輪機、發動機，還是經營電視網，都是如此。

所以賴特和他的高級主管就以「奇異風格」管理NBC，也就是策略性、全球性和長期性的思考。

被聘進NBC的人，都應該是堅強、有自信的人。他們必須能追求速度和簡單，痛恨官僚體制。這可以說明爲什麼NBC能做得這麼好、爲什麼能擁有到二〇〇八年之前的所有奧運的轉播權、爲什麼能在對手迪士尼和梅鐸都做不到時，竟然成功打下有線新聞網；這同樣能解釋爲什麼NBC能力拚群敵進入網際網路，並成爲歐洲和亞洲的主要製作群。

賴特知道，NBC的無線電視部門還存在著停滯不前的嚴重問題，他也知道傳統的電視廣播一直在沒落，所以他決定要展開新的事業，以築起安全防護對抗這股沒落趨勢。一九九七年二月，無線電視播放系統仍然是NBC年度收入和獲利的主力，但已逐漸下降，並有越來越糟的趨勢。在一九九二年，有60％的觀眾會在黃金時段打開三大電視網的節目，到一九九七年，這個數字下降至49%。觀眾轉而投向一些如福斯、華納和UPN等有線電視網。

但賴特並未就此罷手，他繼續拓展其他有線電視網，購買了一些地區體育頻道和諸如Court TV、Bravo、American Movie Classics和藝術娛樂電視臺等電視網。在一九九七年早些時候，它們大多數還是賺錢的。NBC還買了麥迪遜廣場花園（Madison Square Garden）、全國籃球協會的紐約尼克隊（New York Knicks）和全國冰球大聯盟隊的紐約巡遊者隊（New York Rangers）25%的股份。

賴特押在有線電視上最大的賭注是CNBC，它是一九八九年NBC建立的一個商業新聞頻道；它後來壓倒道瓊和西屋，花了十五．五億美元，以虧本的方式買下了金融新聞電視網（FNN）。

但從此CNBC進入了六千一百萬個家庭，雖然它的收視率不高，而且節目也不精彩，但它的價值卻高達二十億美元（它的黃金時段節目包括一個點播節目、傑拉爾多．里維拉的脫口秀和O'brien的重播）。它的經營利潤增長得很快，從一九九六年的八千五百萬美元，增長到一九九七年的一．二五億美元。

一九九七年初，賴特為黃金時間的節目能否保持對觀眾的吸引力，開始擔心起來；NBC的重頭戲像《ER》和《六人行》都開始出現疲態。接著，賴特又擔心起NBC的王牌製片人歐梅爾，他在前幾年裏，使NBC的黃金時段節目起死回生。儘管賴特提醒他要注意保持黃金時段的節目的影響力。歐梅爾此時正在治療酗酒的問題。

在推出有線電視十年後，賴特在一九九七年初在歐洲和亞洲進行了高風險的長期投資。這時NBC把默多克、CNN和ESPN都甩在了後面。NBC建了四個電視網：CNBC亞洲、CNBC歐洲、NBC歐洲和NBC亞洲。這四個都虧錢，但NBC的策略是先佔領市場，總有一天會盈利的。

出於同樣的考慮，NBC投資於新媒體，如一個在線的金融服務網——NBC Desktop。

威爾許和賴特願意誠實地面對他人刻意忽略的事實，因此他們馴服了NBC電視網。布羅考在一九九七年中時堅持：「沒有一個人眞正在規劃長期的未來。但他們（威爾許和賴特）打從一進入NBC就知道，若只靠無線電視這個核心事業，是絕對無法在四面八方襲來的挑戰下生存下來的。我衷心相信，是他倆拯救了這家公司，而現在我們的表現良好。我非常相信，在有線電視、對亞洲的投資以及我們擁有和經營的電臺，他們眞正分散了風險，並且強化了這家電視網。」

一九九七年十月，《娛樂周報》（Entertainment Weekly）公佈了娛樂界一百零一位最有權力的人物。榜上第八名是賴特、歐梅爾，以及NBC娛樂部門總經理特菲德。

一九九七年底時，NBC已確定達到破紀錄的十億美元營運獲利，傑克．威爾許驕傲地看著NBC的成就，並很高興地表示，奇異過去爲了削減經費這一類的事和NBC主管們對抗，這一段歷史都已成了過去式：

> 別忘了，十年來，你終於贏得了一個眞正屬於你的團隊。在這裡沒有人認爲有能力是愚蠢的。我記得有人曾說過：「我們爲什麼要這樣做？」但最後，這個組織的人轉變成一群能接受這些價值的聰明人。一段時間後，那些滿口說「不」的人，反而看來很愚蠢。如果這個組織倒了，他們就會說：「看吧，我早就告訴你了。」
>
> 但開發有線電視的方向是對的。賴特是對的。聘來雷克、艾伯索和歐梅爾是對的。這些作法都很成功。看看這家公司，我們已創造了大筆的財富。很多人都得要靠著這個成功過活呢！

當傑克．威爾許八〇年代中期買下NBC時，人們還在納悶爲什麼他要買一個和奇異其他事業部大不相同的公司。當NBC在九〇年代初陷入困境時，又有很多人在說「我早就告誡你……」，傳言威爾許要賣掉電視網的報導更是層出不窮。

但很多人不理解一個簡單的事實：傑克．威爾許絲毫沒有出售電視網的意思。從奇異接手那天起，他就堅信自己做的沒錯。他很喜愛NBC，喜歡他的屬下和產品吸引公眾的注意。他喜歡這種想法，奇異不僅能生產汽輪機和電燈泡、機車和發電設備，還能推出《ER》、《歡樂單身派對》和《今日節目》以及奧運會節目。

傑克．威爾許相信奇異的方式無往而不勝——只要他把合適的人安排在合適的地方，並給予他們足夠的空間和資源去做事情，NBC一定能夠起死回生。推出一個傑瑞．塞恩費爾德，或精心製作的電視網體育報導，或新聞部的觀眾越來越多都並不重要。他寧願去想，是奇異救活了NBC，因爲電視網已經開始按奇異的方式營運，其他的才是電視網的發展。

第9章　不要把數字當目標

你可能經常聽到老闆講：「我們必須確保出色的數字指標，我們必須做到這一點。」

這是一些老闆的管理哲學——促使他的手下創造更多的收入，獲取更多的利潤。不要因爲老闆們過分強調這樣一個明確的目標並不斷地向屬下重複，而去詛咒數字。

麻煩在於員工們必須完成很高的財務目標，在這種情形下，只靠數字講話令人厭煩，甚至講它會讓人喪失勇氣。

這種數字論調的最糟糕之處在於，數字無助於制定一個目標，或是完成一項任務，它不能將正確的經營理念灌輸到雇員的頭腦中，無法讓這些經營理念在目標實現的過程中得以貫徹。簡而言之，它不是一種管理哲學，頂多是一個啦啦隊長。

啦啦隊並不能讓公司扭轉乾坤。

威爾許早看透了這一切——這也是爲什麼他始終不願談數字的原因。哦，他還是會談到數字——在每一次的演講、每一封致股東的信、每次和財務分析師的談話中，還是會談到數字。他爲什麼不該談呢？他對自己十七年來奇異董事長兼最高執行長任內所達到的成就是如此地自豪。

數字不是藍圖

但傑克．威爾許從不在數字上喋喋不休，也不陷入數字的泥沼。他說那不是領導者的作爲，領導者就是來領導的。傑克．威爾許所關心的領導哲學，是使屬下做到思維清晰、持之以恒和應變，唯一的領導方式就是倡導公司的經營理念。他全身心地致力於此：

數字不是藍圖，只是一種結果。我們總說，如果用三個標準來衡量企業的運行狀況，那就是雇員滿意、消費者滿意和資金正常周轉。如果最後獲得了利潤，說明各環節運行良好。因爲只有使消費者滿意，你才能獲得更大的市場佔有率；使雇員滿意，你才能得到更高的生產率；如果你得到了利潤，說明所有環節都在正常的運行。

當威爾許面對財務分析師、奇異董事會，或是在奇異的克羅頓維爾領導人才培訓中心和低階主管談話時，他談的是價值觀，不是數字。甚至連他寫給員工的字條裏，寫的都是這些價值觀。但最能表現威爾許對數字的厭惡的範例，則是他的致股東函。

每年一月，威爾許要花大半個月的時間寫這封信，這封信會出現在奇異的年報上，提供威爾許一個絕佳的舞臺，讓他討論奇異前一年的表現、他的管理哲學和企業策略。

因爲這位老是躲避媒體的董事長，很少接受訪問或演講。所以威爾許的這封信，就成爲他向奇異——以及整個商界傳達個人企業策略最主要的媒介。威爾許本人也視這封信是他一年中最重要的表現之一。

他知道這封信會被企業主管和媒體仔細研究，所以威爾許並不會費太多心思在修飾這份重要文件的詞藻上。他眞誠地用心和靈魂來寫這封信，而他自己對最後的成果也感到很驕傲。威爾許會趁著他在佛羅里達的行政主管會議剛結束，對所聽所聞仍歷歷在目之時，著手寫他最重要的一封信。

威爾許在康乃狄克州的公司總部，舒服地坐在書桌旁，現在他正把自己的草稿錄進一台錄音機裏（他當然有電腦，但這位董事長比較喜歡口述）。等到初稿完成後，秘書就會抄寫錄音機記錄下來的內容。威爾許接著就展開編輯和改寫的過程，就像大師級畫家在作品未完成前，會全力保護畫作不曝光一樣，威爾許也不會讓任何人看到他未定案的草稿。信一旦修改完成後，他會把它交給十位奇異的高級主管過目，以加入他們的意見。

在任職董事長的初期，威爾許的致股東函中都會挑明地講重點；他會討論到奇異過去一年的表現，通常這就是重點了。但到了八〇年代後期，這封信就有了重大的轉變；這封信成爲威爾許傳達企業理念和管理策略的主要舞臺。數字——也就是這家公司的財務狀況——只會在信開頭的幾句話裏出現。這份致股東函現在已成了重要的溝通工具。也就是透過這些信，奇異的員工首次聽到「不是第一、就是第二」、「無界限環境」和「追求速度、簡單與自信」等觀念。

以人為本，而非數字

多數的致股東函都是以數字起頭：「一九九六年，貴股東的公司創下歷年來的最佳成績」，或是「貴股東的公司有一個登峰造極的一九九五年」，或是「奇異在一九九四年收穫豐碩」之類的句子。在這些短短的句子之後，他會利用一些資料爲佐證，支援他開宗明義的介紹，來說明奇異爲什麼能做得這麼好，又，到底有多好。

但很快的，威爾許就切入了這封信裏他最喜歡的部分，這部分幾乎占全信的95%——討論公司的價值觀。

這裡有一個例子，是一九九〇年的致股東函：「那些只是一些資料，當然我們也很滿意這樣的成果。至於本信其他的部分，我們想和您分享我們一直在努力的：落實八〇年代理想的進度，以及我們去年替公司規劃出來的具展望性的九〇年代。」

換句話說，我們來談重點吧。

同樣引人注目的是，當奇異的經營理念被編撰成冊時，從未直接提到業務數字問題。奇異所期望的領導應具有的品質是：能夠制定一個清晰的、簡潔的、現實的、以顧客爲中心的藍圖，具有追求完美的熱情，喜歡並鼓勵變革，具有旺盛的精力。威爾許雖然沒有明說，但顯而易見的是，追隨這些信條的員工都應自覺地盡其所能，爲奇異創造更好的業績。

最能體現威爾許管理原則的是：以人爲本，而非數字。

威爾許促使雇員面對現實；去領導，而不是管理；在困難來臨之前，預先改變策略；自由交流；追求簡潔；高度自信。他不會說讓你的數字好起來，也不相信那樣做會有效。他清楚每年都要求屬下達到優秀的業績是不現實的。即使他們日夜不停的工作，仍會有許多外部因素影響著最終結果——競爭對手生產出一種意想不到的新產品、突發性通貨膨脹、惡劣的天氣，諸如此類——都會使得預定的數字遙不可及。

該強調的一點是：傑克．威爾許確實關心財務表現；他非常關心奇異的財務表現。但他會否認，他會說，對於這家公司在他領導下的表現，他還不是那麼滿意。可是，一點也不要以為他不在乎這些成果。

這只是他用來強調公司文化的方法。

威爾許認為，如果他能讓員工接受正確的企業價值觀——並將這些價值內化到他們的行為之中——則奇異的財務表現會很好。

強調軟體價值

這就是為什麼威爾許總是談論「軟體」——公司的價值觀和文化——的原因。這就是為什麼他在給股東的信中不吝筆墨，大談「無界限」的公司，「合力促進」

或「全面質量行動」優點的原因。

注重「軟體」是威爾許確保奇異將來得以再創佳績的法寶。

作爲奇異的事業部主管，抓住一個強大的具有市場導向作用的產品是至關重要的。因此他必須知道如何將產品推向市場。但對威爾許來講，作爲一個部門主管，接受公司的經營思路——如果你願意，可以把它稱爲公司文化——並把它推銷給手下的每一個人是絕對必要的。

僅完成數字指標是不夠的。奇異的事業部主管如果只關注數字，而不能推行公司的經營理念，將會自己丟掉飯碗。這聽起來很殘酷。難道創造佳績不是一個經理最重要的事嗎？或許對大多數人來講是這樣的，但對傑克·威爾許來說不是，「即使一位高級管理人員完成了出色的數字指標，就數字指標而言做得很出色，但是如果不能傳播公司的經營理念，我們就不得不將其換掉，以支持公司的經營思想，並且我們必須與之斷絕關係。」

威爾許提供了一個更清楚的例子，以說明數字爲什麼對他一點也不重要。當別人談到，人們接受他的企業理念是因爲他領導的公司的優秀財務表現，對此，威爾許並不承認。他說，不應該說是因爲他，奇異才有這樣的表現，應該說是由於其他人，才有這麼豐碩的成果。但是，他根本不願被人引用說了那些話。難道傑克．威爾許在八〇年代時，不曾說過他想讓奇異成爲全球最具競爭力的公司嗎？不是他說要讓奇異的數字表現更好嗎？是的，他回答，但，「我從來沒做到。因爲如果我認爲我已做到了，我就完蛋了。」

然而，仍有很多人對奇異傲人的數字印象深刻，他們會看著奇異的成就，然後說：「嗯，我猜威爾許已經超越他最狂放的夢想了。」這類的說法讓這位董事長很不高興。他根本不想說些什麼來讓人以爲他已很滿意，滿意於今日的奇異在他帶領下所創造出來的成就。於是他藉著告訴眾人，他對奇異今日的表現還不是太滿意以表明心意。

諷刺的是，威爾許曾被指控一再施壓要求主管們創造更佳的數字成績：

- 堅持他的事業要成爲並維持在業界的第一或第二名。
- 明白地表示他只要A級主管留在奇異。
- 堅持他的事業領導人必須「伸展」、創造出更好的財務成就，以超越年度預算。

●要求事業領導人堅守奇異的價值觀——要不然就準備捲鋪蓋吧。他被稱爲全美最嚴苛的老闆。

威爾許覺得，他不該因爲希望奇異做得更好、堅持他的主管們表現極致而受到責難。不管怎麼說，這些人的工作，不就是讓奇異一年比一年更好嗎？

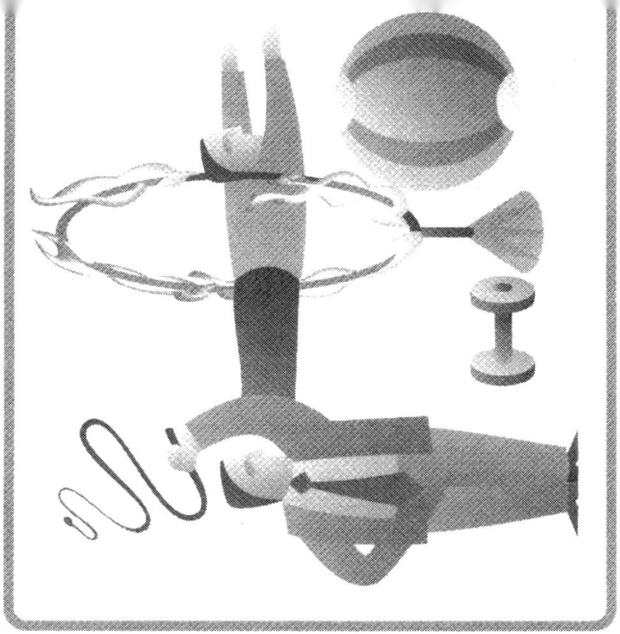

開拓創新及經營理念的威力
Part 3

開拓創新及經營理念的威力

PART 3

第10章 對金融服務業的倚重

在奇異公司，推動服務事業的是金融服務事業，事實上，沒有哪一個事業對奇異在八〇年代和九〇年代的貢獻，大過金融服務公司。

在一九九五年、一九九六年，奇異資本事業部的營業利潤，在奇異總營業利潤（稅前）中已佔有相當大的比重。這兩年，奇異總營業利潤（稅前）分別達九十八億美元和一百一十億美元，而奇異資本事業部的營業利潤已分別達三十五億、四十億美元。

令人矚目的成長

奇異金融服務的成長，是一個傳奇的故事。其前身是一九三二年經濟大蕭條年代的奇異信用公司，其業務是借錢給想購買冰箱等大型家電，但財務又有困難的奇異顧客。奇異信用公司對購買此類產品的融資服務，一直持續到六〇年代中期，但之後因銀行和獨立金融公司也都提供此一功能，使得奇異信用在這個行業已缺乏存在的必要性。

但奇異信用的員工反對結束公司的提議；他們對於公司過去各種產品的融資經驗深感驕傲。結果公司還是原封不動地留下來，更名爲奇異金融服務。今天，這家公司已躋身偉大的成功故事之列，盈餘從一九七八年微不足道的七．七萬，到一九八二年的二．○五億美元；自一九八五年以後，該公司成長達七倍，從該年的三十八億元營收，成長至一九九六年的三百二十七億美元（外加四十億美元的營運獲利）。

奇異的資本事業部已有二十七個事業部門，包括衛星通信服務的供應商（Americom）、汽車金融服務、航空服務、商用設備融資、商業信用、商用房地產信貸與服務、統一金融保險、消費信用服務以及雇主再保險公司等。

奇異資本事業部對整個集團的影響是無與倫比的：假如沒有奇異資本事業部，奇異自一九九一年到一九九六年間總收入9.1%的年增長將縮小至4%。奇異資本事業部的業務，從信用卡發展到衛星租賃再至電腦程式開發，這些業務共爲奇異帶來了39%的收入，而在一九九○年只有29%。一九九六年至一九九七年奇異的股票上揚了123%，與之相比，標準普爾五百指數僅上漲了63%，使奇異股票表現如此出眾的，正是奇異的資本事業部。

奇異資本事業部在一九九六年的淨收入爲二十八億美元，較一九九五年增長了17%，即四億美元。而飛機發動機和電器事業部僅增長了5%。一九九七年奇異資本事業部的收入達三百九十九億美元，淨收入達三十三億美元。

它的二十七個部門裏，有十九個以兩位數的速度增長。它的海外資產的增長幅度接近30%。

如果奇異資本事業部從奇異的十二個事業部中獨立出來，它將在《財富》雜誌五百大中名列第二十位。如果奇異資本事業部是一個獨立的公司，一九九七年它將以二千二百七十億美元的資產，名列全美前十大商業銀行之中。

一九九七年，奇異資本事業部向其他公司提供的服務，包括金融、交易處理和重型設備。其中飛機和機車租賃，與奇異的製造部門如飛機發動機和機車製造相聯繫。

奇異的資本服務包括：

- 提供從汽車到飛機領域的一切金融服務。
- 擁有和出租的範圍，包括卡車、轎車、機車、飛機和商用設施。

●通過國際網路提供消費服務。
●銷售保險和互助基金產品。
●成爲全美最大的商業票據發行者。

在一九九七年下半年，它已是全世界最大的設備出租者，包括九百多架飛機（比任何一個航空公司都要大）、一百八十八萬輛機關車（比任何一條鐵路公司都要大）、七十五萬輛小汽車、一十二萬輛卡車、以及十一萬個衛星。

它的「雇主再保險公司」，在全美再保險公司中排名第三（在奇異的事業部中列於飛機發動機、塑膠和NBC之後，名列第四，略高於電力系統）。

在九〇年代後期，奇異資本事業部開始涉足電腦服務和壽險，並向海外投資數十億美元。九〇年代中期以來，它在歐洲採取了七十六次購併行動，希望到二〇〇〇年能夠盈利十億美元（比一九九七年翻一倍）。

奇異資本事業部在九〇年代也遭到了一些重大的挫折：基德爾的有爭議性的、令人尷尬的墮落，以及Montgomery Ward的破產。但是奇異資本事業部，五十五歲的首席執行長溫特說，儘管有這些困難，從一九九一年到一九九六年，其年利潤仍以

18%的速度增長。

延伸奇異資本事業

溫特必須「伸展」他的事業，以符合奇異董事長的目標。他做得不差：金融服務有半數事業在一九九六年未能達成三年的成長目標；然而奇異金融服務事業在一九九六年的獲利暴增了十一億美元，使得三年總收入達到令人咋舌的二十八億美元，遠超過三年七·五億美元的目標。在一九九七年時，溫特將他的獲利目標提高至三十三億美元。

他的說法就好像他坐在雲霄飛車裏，騎虎難下：「你該知道別人是怎麼看待這些數字的。傑克給了我一些目標，我將這些目標提高15%，我所面對的人則是把這些目標提高到25%。」

奇異金融服務的秘訣何在？

一方面，它很大程度上得益於其母公司三A的信用等級。另一方面，它也得益於威爾許提倡低成本的好學精神的企業文化，這使這一事業部能較容易、不斷地抓住美國最盈利的業務。

奇異資本事業部的成功原因，還有很大一部分歸因於加里．溫特。作爲奇異最能幹的人之一，他在奇異資本事業部度過了二十二個春秋，於一九九〇年執掌了這一事業部。他以捕捉趨勢的敏銳眼光，和必要時迅捷的行動能力著稱於世。一九六七年他自哈佛商學院畢業後，便開始爲德州的一個汽車商銷售一些未開發的土地。

這個汽車商答應，只要他接手這一工作，就會給他一輛凱迪拉克，並保證將使他變成一個百萬富翁。溫特得到了汽車，但並未得到百萬美元。（因爲在這之前，這一汽車商已破產了。）

外界的人必須花點時間來瞭解金融服務事業的優點，正如證券分析師尼可拉斯．海曼（**Nicholas Heymann**）說的：「以前的想法是，你不該多花三倍的錢去買奇異的股票，因爲有40％的收入是來自金融服務，這是一家低**P/E**（價格／盈餘比）的事業。但市場逐漸知道，奇異金融服務不同於循環融資服務公司，其高於15％的成長率就是最佳保證。」

另外一個成功的原因是，奇異金融服務有能力處理一個因呆賬或借貸損失過多而陷入困境的事業。這件事是發生在一九八三年時，北美軌道車公司（**North**

American Railcar）的母公司虎牌國際公司（Tiger International），因借貸而不幸破產；奇異金融服務介入此事，成爲一家軌道車租賃公司，並使該公司自此開始獲利。奇異金融服務在一些客用航空公司結束租借後，隨即進入貨機市場，並在創設其獨立的貨運航線極地航空（Polar Air）之前，提供一些種子資本。當休斯頓太空城財團（Houston Astrodome Consortium）於八〇年代出現危機時，銀行團紛紛開始大筆撤資，但奇異金融服務卻協助經營休斯頓太空人職棒隊（Houston Astros baseball team）達兩年，而非撤資。即使太空人球團一直在虧損，奇異金融服務仍然看出其有利可圖之處。

通過購併成長

購併是奇異金融服務成長不可或缺的一環。九〇年代的策略性併購，讓奇異金融服務成爲全球資訊科技的一員，提供其顧客事業上的各種解決方案及系統管理。

自一九九四年以來，它進行了多達十二次的購併活動，耗資一百一十八億美元。這期間，曾有數百家公司在考慮之列，但終因無價值而被放棄。但是隨著資產價格的不斷上升，奇異資本不再計畫像過去那麼大量地去購併。考慮到上述因素，溫特對依賴內部增長，特別是附加價值服務更是刮目相看。

這種服務有兩個巨大的優點：它不需要花費太多的投資，卻會產生很高的回報。以租賃業務爲例，在奇異資本管理下的火車、飛機和汽車有很多修理的工作。通過從事這項業務，奇異資本可以節省雇員的時間，並可收取一大筆費用。

並且維護好設備，它可以出租更長的時間，從而取得更好的收益。

奇異資本的貸款業務服務也受到了青睞。例如：奇異資本不僅會向一個高技術公司提供最新型的半導體設備融資，過若干年後，它會將此設備再購回，並修理好，再找一個技術含量低一些的用戶。

自九〇年代中期起，奇異資本大舉進入保險領域。因此，奇異已變成一個擁有四百六十億美元資產的儲蓄機構，被威爾許稱之爲「客戶財富積累」。這一業務直到一九九二年奇異才開始參與，而這一業務的開創，是通過對一些保險和養老金公司的購併來實現的，如**First Colony Life of Lynchburg**、**Virginia**、**GNA**、**Harcourt General**、**AMEX-LT Care**、**Union Fidelity Life**、和**Union Pacific Life**。

從一九九六年開始，奇異資本利用其時橫掃保險界的合併浪潮，斥資數十億美元用於購併。一九九六年，它用三十二億美元購買了三家人壽保險公司，其中以十八億美元收購了人壽保險界的龍頭老大——First Colony Life of Lynchburg, Virginia。

策略的改變

奇異資本事業部正在改變其內部策略。隨著溫特「已不能再讓錢生錢了」的宣告，奇異資本事業部決定，在爲其他公司經營電腦網路交易上，與IBM和EDS展開正面競爭。到一九九六年十月，它已建立起價值五十億美元的全球電腦周邊業務。

一九九六年五月，它購入了價值二十億美元的Ameridata Technologies公司，該公司銷售個人電腦（PC）。一九九六年七月，它又收購了一家正在快速增長的德國外設公司——ComuNet。這兩次購併，使其技術管理服務事業部的規模翻了一番。它還創設了一家全球資訊技術公司——Information Technology Solutions。這家公司擁有九千名雇員，在北美、拉丁美洲、歐洲以及亞太地區的十三個國家開展業務，向當地的、所在國的、國際的工商界和政府提供完整的產品、服務以及金融支援。

它也眞正地在向國際化邁近。一九九〇年，它實質上沒有來自於美國和加拿大以外的收入。而到九〇年代晚期，奇異資本事業部已獲得八億美元的海外淨收入。

一九九六年，它的海外專案有：墨西哥最大的私有發電專案——Samalayuca II

的債務管理和參與股本投資；與上海電力系統組成合資企業，以向上海閘北發電專案提供資金和管理，這是中國第一個長期的、無擔保的、商業融資的發電專案。另外，奇異資本還在匈牙利參與某些通訊和機場私有化專案。

奇異現在有60％的獲利來自服務事業，較一九八〇年時的16％增長了將近四倍。威爾許說，他希望能達到80％。毫無疑問，他會盡一切力量儘快、儘可能地推動奇異的服務業，特別是金融服務業的發展。

第11章　以正直作爲第一道防線

「正直」這個詞在奇異的價值觀裏必不可少。但不幸的是，對威爾許和奇異來說，奇異員工的道德問題，成爲董事長面臨的最複雜和最困難的問題之一。

威爾許意識到，道德的敗壞過去已發生得不少——並且他也承認將來這可能照樣會發生。相對奇異在經營業績上面的成功來說（也可說因爲這些成功），幾乎沒有哪家美國大公司像奇異這樣，承受了如此多的道德問題。

應對逆境

然而，威爾許從未試圖爲這些問題辯護，雖然他確實說過，在任何一個像奇異這樣規模的機構裏，違背道德是不可避免的。他還說，畢竟所有像奇異那麼大的機構，都有足夠的理由說明擁有警察是必要的，但是沒有任何一個人能指明如何根除犯罪。

奇異內部也有不少醜聞，但人們可能要問，爲什麼威爾許能脫離其外而毫髮無損，爲什麼經常充斥於《華爾街郵報》等無數報紙頭版的論戰，竟不能危及威爾許作為全美最受崇敬的首席執行長的地位呢？

到現在，已沒人對此再感到驚訝：無論何時，當醜聞出現，他總是能運用他高超的、及時的、合情合理的管理藝術去化解問題。對於這類問題，威爾許很有一套。首先，他會迅速將肇事者開除。其次，他將會昭示，未來的肇事者都將落得同樣的下場。最後，他會讓每個人都知道，他本人與此醜聞沒有關係。

假如同樣的道德問題發生在其他公司，首席執行長可能將處於水深火熱之中。事實上，他也許將面臨丟掉工作的危險。然而，卻不曾有人要威爾許為奇異的任何一次醜聞而下臺。這是他（或許他的奇異員工）在管理方面擁有敏銳洞察力的證明，他總是能避免紛爭，讓他的金童形象得以完好無損。威爾許的一個天賦是，他始終不渝地能與公司的道德問題保持距離，雖然這不可能像他的「面對現實」等觀念一樣，適合通常的管理範例。它不值得吹噓，但它卻是威爾許企業管理天才的一部分。並且還可以從奇異的董事長如何處理公司的道德問題中，汲取很多經驗教訓。下面，簡要列舉了這些問題，以及威爾許是如何應對他們的。

清白檢測

如同一個領導人可以改造一家企業，一個騙子也可以毀了一家公司。在一個像奇異這麼規模龐大的公司，有將近三十萬名員工，即使是最小心謹慎的管理層，也難保沒有失職違法的員工。然而公司違法的後果可能非常嚴重，即使是很低的犯罪率也不行。一個主管所面對最艱難的挑戰，莫過於員工違法時，收拾殘局、料理善後的責任。

這個問題在一九八五年時就降臨到威爾許的身上。

一九八五年三月二十六日，這時的威爾許以董事長兼首席執行長的身分，執掌奇異已近四年了，公司面臨它成立以來最嚴重的考驗。在這致命的一天裏，奇異被聯邦大陪審團起訴了兩個案子：其一是，奇異航太事業部在雇員考勤卡上，錯誤地計入八十萬美元的成本；其二是，奇異就其擔負的核彈頭系統業務，向政府說謊。

奇異的這項業務，是美國空軍與該公司簽訂的金額達四千零九十萬美元合約引起的，該合約要求奇異徹底檢查洲際彈道導彈上的引爆裝置。

由於這是職務行爲，奇異必須負連帶責任。結果被判處有罪，並且付出可觀的罰金。工作記錄卡的醜聞，讓許多奇異人震驚與憤怒，也給威爾許一個向員工澄清他的訊息的機會：他期望奇異人能夠清清白白地獲勝。總裁要求每個奇異人接受他所謂的「清白測驗」（mirror test），嚴格的檢查他們自己行爲的正直性。

這項測試比想像中困難許多，即使能通過法律的考驗，也未必能通過其他方面的標準。自重自愛的主管也常會將公司的文具帶回家裏，或是要求秘書替他的子女打自傳。嚴格而論，這是偷竊行爲。以我自身的經驗，大部分認眞做「清白測驗」的人，都會發現自己有一些行爲有待改進。

在現實世界中，人們易受道德喪失的影響，競爭者可能會用欺騙的手段，供應商或是顧客可能會要求賄賂，執法人員可能會巧妙地、甚至公然地允許違法行爲。有些企業犯罪只是一般的偷竊行爲，但是許多人軟弱到無法說服自己，他們是誠實正直執行業務的人。他們不承認法律只講黑白對錯，而相信自己是在介於兩者之間的灰色地帶。

他們錯了：研究顯示，二分之一以上的美國企業，有過企業犯罪的經驗。一項針對《幸福》雜誌五百家大公司所作的調查指出，有62%的公司在一九七五年至一九八四年間，曾經涉及貪汙受賄的事件。另一項研究調查四百七十七家最大的製造業和一百零五家規模最大的服務、零售和批發業者，發現在一九七五和一九七六兩年之間，有60％的公司曾經被指控違反聯邦法令。

這不只是企業的問題：就社會整體而言，美國可能無法再說服人民誠實的價值。在一九九〇年時，拉特格斯（Rutgers）大學的倫理學教授唐納德．麥凱布（Donald Mc Cabe）對六千名大學生進行調查，問他們是否曾在學校作過弊。他的資料顯示，將來打算在企業界發展的學生中，有76％承認至少曾經作弊過一次；有19％的學生承認至少作弊過四次以上，可稱爲累犯了。至於將來打算朝其他領域發展的學生，譬如法律、醫學、教育等等，作弊的行爲比較少一點，但是還沒有少到大家敢說自己是清白的。

在奇異，要員工保持清白的挑戰，比其他公司更爲艱辛。身爲國防工業的領導廠商，同時也是在世界各個角落銷售大宗物資的國際性企業，其涉足的領域經常是弊端叢生。奇異失足的行爲特別容易引人注意，因爲奇異承攬許多政府部門的合約，公職人員違法的事件是最容易公諸於世的。爲私人顧客服務的企業，則很少被揭露他們不道德的舉動，大部分的人都保持緘默。再者，奇異在美國國防合約承包商中的地位更爲特殊，因爲它用相同的品牌銷售軍用品和消費品。相對而言，比較少的人認爲，通用汽車公司是國防工業的重要廠商，儘管通用汽車公司擁有專門生產導彈的裝置，並經常涉及員工犯罪的休斯航太航空公司。每當奇異出了差錯，這個如它自己在電視廣告中所稱「把美好事物帶給人生」的超級明星，立刻成爲頭條新聞。和其他國防工業的廠商比較，奇異還不算太糟；在一九八五到一九九一年間，美國國防部共對員工和企業供應商採取了三萬八千七百三十一次法律的「馴服行動」：包括起訴、判刑、和解、停止付款和禁止承攬等等。其中只有十二項和奇異有關，結果有三項被判有罪。

提高道德標準

媒體或街頭巷尾的人們提出的一個相關問題是：威爾許本人應對這些事件負責嗎？《財富》雜誌指出：「最麻煩的是，傑克的不軌行爲在奇異內部應該不是偶然的。當你把基爾德醜聞與過去十年中玷污奇異名聲的其他違法行爲聯繫在一起時，……你可能會有所感覺，聲名卓著的奇異文化內有些地方是不對的。」從這篇雜誌的評論中可以得出，由於不斷向其經理們施加壓力，威爾許實質上在鼓勵他們用對公司的忠誠來換取個人的私利。

我們應該相信威爾許的清白。公司採取的措施，包括明白宣示和實施的企業倫理政策，以及每年由所有受薪員工簽名的聲明，表明他們知道不做任何違法的事情或是已經據實報告。但是，奇異員工的瀆職事件還是時有所聞，見諸報端。除了工作時間記錄卡的醜聞案外，威爾許任內發生過的嚴重事件還有：

●一九八八年的「MATSC」案件，奇異的航太企業子公司——管理與技術服務公司，有兩名員工對政府裝在軍事車輛上的戰地電腦系統的合約索取高價。兩名奇異員工被判刑坐牢，公司則被罰款一千萬美元。

●所謂的「多藤」案，是以以色列空軍將領雷米．多藤（Rami Dotan）的名字命名的。他和奇異航空引擎企業的一名員工勾結，將超過三千萬美元以上的美國政府基金轉進私人帳戶。多藤在以色列被判刑入獄；被起訴的奇異員工則被開除。奇異充分和聯邦調查員合作，最後還簽付了六千九百萬美元的和解金。

●一九八九年，奇異解決了由whistle-blowers發起的四件民事訴訟，他們宣稱，奇異通過發行有問題的考勤卡，騙取了政府數以百萬計的美元。奇異被判繳納三百五十萬美元。

●一九九〇年，奇異被控告，通過將戰地電腦系統高價賣給美國軍方，欺騙國防部。奇異爲此及其他國防合約的高價而支付罰款三千萬美金。

●一九九三年，奇異NBC新聞部策劃了一次易引起誤導的類比衝撞試驗，這導致了其向通用汽車公開道歉。NBC也同意向通用汽車支付法律和調查費用大約一百萬美元。

●一九九四年，奇異的基爾德銀行公司的首席國債交易員約瑟夫．傑特，在二十九個月內，捏造了三．五億美元的利潤，直到其一九九四年四月被開除。這成爲該年度最讓人難堪的和最受人注目的醜聞之一。結果，奇異被迫接受對其一九九四年第一季度取得的價值二．一億美元的盈利的控告。

●一九九八年春，證券監督管理委員會（SEC）負責裁決傑特案例。一九九四年，奇異將基爾德的大部分資產都賣給了Paine Webber。

除了這些奇異承認並且表示遺憾的嚴重犯罪案外，公司還因許多並未違法的事件，遭受外界強大的壓力。並非所有的指控都是奇異罪有應得。

一九九二年非常有名的一件事情，是美國司法部正在調查一位奇異離職員工，指控奇異和南非的比爾斯礦業公司（De Beers Consolidated Mines）密謀，非法約定工業鑽石的價格。結果在一九九二年中，這次事件以不起訴結案。奇異形容這次事件爲，「因績效不彰而被開除的失意離職員工，以無具體事實根據的指控誣衊奇異」。公司當然斷然否認他的一切指控。

有些人從道德和政治方面反對奇異完全合法的行爲。奇異在國防工業中所扮演的重要角色，就引起一個稱爲「眞相」（INFACT）團體呼籲抵制奇異的產品。一九九一年，好萊塢還頒發一座奧斯卡金像獎給「眞相」製作的一部紀錄短片。在全球十億人口收看的奧斯卡頒獎典禮上，上臺領獎的製作人還一再重複抵制奇異的呼籲。這部稱爲《致命欺騙》（Deadly Deception）的電影，聲稱位於華盛頓州漢福德（Hanford）附近，一座政府擁有、奇異負責經營的核能設施，從一九四六年到六〇年代中期，曾經引起附近居民的健康問題。奇異引述政府的健康研究指出，這個問題並不存在，也沒有任何和「眞相」宣稱相關的罪名起訴成立。

一些環保人士反對奇異在核能或是塑膠生產中扮演的角色。根據環境保護局的統計，奇異共有五十一個有毒廢棄物堆積場，比其他任何一家公司都多，是一個「還算負責的公司」。廢棄物的排名顯示奇異並未違法，奇異解釋他們之所以比其他廠商多的廢棄物堆積場，是因爲奇異在美國境內經營許多不同的行業，他們的工廠數目比其他廠商多的緣故。其他廠商還有杜邦、孟山都（Monsanto）和通用汽車。

但是威爾許認爲，類似這種有爭論性的問題，和公然犯罪有天壤之別。他和別人一樣，對違法行爲深惡痛絕，然而他對奇異在道德和政治方面遭受的批評，卻不以爲然。

幾乎從創業開始，奇異光榮的歷史就和員工的違法事件結下不解之緣。許多歷史悠久的製造廠商，包括奇異在內，不可否認他們主要的傳統之一就是能屈能伸，爲了爭取勝利，不惜違法亂紀的鐵漢子作風。

在奇異，這種態度可以追溯到上個世紀的九〇年代，也就是公司成立之初的年代。當時哈里曼（Harriman）和洛克菲勒家族正在形成壟斷企業，大企業公然謀求控制市場。奇異在總裁科迪納及幾位繼任總裁的領導之下，也如法炮製。在二十世紀的前半階段，奇異在自己創業的領域內成長——電燈泡和電器產品——奇異變得習慣在違反謝爾曼反托拉斯法案的邊緣徘徊。奇異違反反托拉斯法的第一個和解案發生在一九一一年，它同意不再隱瞞旗下擁有的子公司數目。一九二四年，奇異、飛利浦和其他電子事業領導廠商的代表聚集在巴黎開會，協定瓜分世界市場。當時的奇異總裁是抱怨經濟大蕭條引起「過度競爭」的斯沃普。雖然這個被稱爲「太陽神」（Phoebus）的卡特爾（cartel）在那個時代尚非不合法的舉動，但是恐怕通不過今日的點名批判。在四〇年代，奇異共涉及十三件反托拉斯案件；第二次世界大戰結束後，當時的總裁「電氣查理」威爾遜和法院達成和解，簽署具結書，但是也避免了照明企業瓦解崩潰的命運。

沒有證據能夠證明奇異的總裁曾經違法，或是授權部屬違法。但是在一九六一年，當司法部提出許多反托拉斯醜聞案時，一些奇異人顯然假設高層主管會對有利於公司業績的違法行爲「睜一隻眼，閉一隻眼」。結果一件丟臉的協定價格醜聞案，終於使奇異不能再得意於自己的清白。一九六一年的故事標題是「不可置信的奇異陰謀」。《幸福》雜誌引述奇異主管的話，他說：「當然，勾結行爲是不合法的，但是並非不道德的。」

合唱團練習

這項陰謀是美國電氣行業對於長期生產能力過剩的愚蠢反應。公司可以用關閉工廠、改進產品或是價格競爭等方式解決基本的經營問題。但是許多捨本逐末的大型企業主管，譬如製造工業斷電器的廠商，包括奇異、西屋、阿利斯——查爾斯卻採取規避競爭風險的方式。這些公司協定在美國境內，每項產品每個公司所能保持的市場佔有率，奇異通常是最大的。這些陰謀者每個月聚會兩三次，通常是在飯店房間內，決定哪些投標該由哪幾家公司得標。他們互相交換被視爲機密的定價情報，事先訂好每項計畫得標的底價。

這些被稱爲「合唱團練習」的會議，勾結整個電氣行業。顧客們依據封好的標單，爲每項合約選擇最佳的供應商，而投標過程是市場鼓勵價格競爭的主要手段。當每家廠商都故意把金額提高，好讓一家廠商得標時，這項儀式就顯得毫無意義。

最後，共有七位奇異主管鋃鐺入獄，二十四人被判緩刑。當時的總裁科迪納從未正式被控參與這項計畫，但是他的名聲也因爲這件醜聞而聲望大跌。這項電氣業的大陰謀，給奇異人一個痛苦但是必須的教訓：員工不要再奢望公司會放縱違法的事件。

威爾許認爲，崇高的道德標準，是企業的基本要件。他說：「清白是唯一的收穫。」

他處理倫理問題的方式，顯示出他從小受宗教信仰的影響。威爾許說他到研究所時，依然是相當虔誠的天主教徒，等到成爲一個成熟的男人之後，他依舊相信是非分明的道理。每當有員工的不當行爲使奇異誤蹈法網，他都會敦促部屬與調查人員充分合作、承認罪行，並且立即採取補救措施。那些公司的錯誤行爲給奇異很好的教訓，在工作時間記錄卡和其他案件中，奇異配合執法的坦白和決心，使奇異的痛苦減至最低。

威爾許對於違反社會規範的行爲很不諒解，他自己是很誠實的，對於別人的不法勾當很不能忍受。他毫不同情那些以他要求嚴格爲藉口，訴諸非法手段的人。的確，威爾許認爲，作弊的人並不是爲了競爭的緣故才這麼做的。「卓越和競爭力與誠實和清白是完全相容的，」他說：「成績甲等的學生、長跑選手和跳高紀錄的保持人——都是堅強的勝利者——他們不必作弊，一樣可以達到這些成果，作弊的人顯然是弱者。」

當然，在許多美國以外的國家，由於賄賂的盛行，使清白的問題變得更爲複雜。根據美國的法律與奇異的政策，禁止支付賄賂金。在德國的做法則完全相反，企業可以將支付國外的交際費用，列入成本之中以減少納稅。威爾許堅持奇異嚴格的規定，他認爲這不會降低公司的競爭力。

「在全球性的企業，不靠賄賂也能獲勝，但是先決條件是要擁有技術。這是我們在諸如渦輪機等專案上獲勝的原因，因為我們有最好的燃汽渦輪機。價格低廉也很重要，不論在任何情況下，只要同時擁有質量、價格和技術，便能贏得勝利。」

然而，使威爾許懊惱的是，除了對違法者採取嚴厲措施外，他發現以前幾乎沒有哪一個首席執行長能採取任何事先措施，來規避道德敗壞行為的發生。他在一九八七年採取的一個步驟是，在全公司範圍內發放一本八十頁的小冊子：《正直：我們責任的精神與體現》。每一個新雇員必須閱讀這本小冊子，並在書中附的卡片上簽字（或用電子郵件確認）以證明他們讀過。並且其他雇員也必須每年讀一遍。在這本小冊子裏，威爾許是這樣表述他對正直的定義：

正直是我們事業成功的基石——我們產品與服務的出色質量、我們和顧客與供應商的眞誠關係，最終使我們贏得競爭。奇異追求的競爭優勢始於、止於我們對倫理道德的承諾。

他要求所有的奇異員工都要親自做出承諾：遵循奇異的行爲準則，遵守生效的法規，避免利益的衝突，做到誠實、公正、值得信賴。

第12章 頭腦、心胸與膽識

管理到目前爲止還算不錯，但是領導才是眞正的致勝之道。奇異創造了要求每個成員具有領導能力的組織。如同一位在家電企業的員工挖苦地說道：「多年以來，我們雇用了人的手、腳和身體，但是我們卻讓他們的腦袋閒著。」

奇異的主管不能再逃避重要的決策，以前他們平均只要管理七個人；現在平均要兼顧十五至二十人，有時甚至更多。

創造雇主與員工的新關係

奇異革命的眞正本質，在於它創造了雇主和員工之間的新關係。傳統的公司層級，在工人和老闆互不信賴的前提下，過於沈重和累贅，不適合威爾許。在奇異，威爾許設想了一個比較依賴創意和共有價值觀、贏得員工承諾的企業。他說：「凝聚大家的力量，是人們之間想要掌握外部世界及獲勝的親和力。」以情感動力而非高壓統治爲基礎，新的組織必須有足夠的彈性，讓員工自我管理，以及足夠的靈活度，打敗仍然爲官僚制度所束縛的競爭者。他的想法經得起重複的驗證：

「舊的組織建立在控制之上，但是世界已經改變。世界變化的速度太快，使得控制變成限制，使你的速度變慢。你必須在自由和控制之間取得平衡，但是你會有比想像中還多的自由。爲了要衡量價值觀，我們想看看你的貢獻而非你的控制。」

回顧威爾許在奇異擔任總裁的這些年裏，雖然他一直想創造一個以價值觀爲基礎的組織，但是那些在早年封他爲「中子彈傑克」而不理會他的人，完全沒有領略到他的意思。從一開始，他的目標就是要奇異員工認清世界的眞實面，然後依此行事。這就是他所謂的「認清事實」。這個概念看似簡單，但是在奇異革命的喧囂歷史中，顯示出付諸實施的困難，它也顯示收穫可能非常豐富。

當威爾許開始採取行動之後，由於他個人強烈的說服力，從個人倫理到企業管理的幾個要點，奇異幾個公認的價值觀，幾乎全是威爾許個人的理念。到一九九二年，奇異的價值觀已經被數千名奇異員工所認同。由於公司共有二十七萬五千名員工，雖然還有許多異議者，但是任何人只要在奇異待上一段時間，一定可以感受到自願的忠誠所產生的力量。

威爾許這十一年來，不斷修改及重複這幾個重大理念的最大成就，也許就是大家的意見越來越一致。這是他所做的每一件事情的最終結果，從早期出售積弱企業和裁撤不必要員工的痛苦決定，到八〇年代末期和九〇年代初期的問題：克羅頓維爾對價值觀和「解決問題」的辯論，以及爲創造不分彼此的組織所做的持續努力。

威爾許定義了四種類型的主管：

第一種類型的主管履行承諾——不論是財務或是其他方面的承諾——而且認同我們公司的價值觀。他的未來沒什麼問題，一路晉升。

第二種類型的主管，既不履行承諾也不認同我們的價值觀，雖然會引起不愉快，但是也容易解決。

第三種類型的主管沒有履行承諾，但是認同公司的價值觀。他可能還有一次機會，換個環境試試。

第四種類型的主管最麻煩，他會履行該有的承諾，達到要求的績效，但是他不認同我們必須擁有的價值觀。這種人通常是從員工身上榨取績效而非激發績效，屬於獨裁、暴君型的主管。但是我們通常會從另外一個角度看待——因爲他達到績效，所以我們會容忍第四類型的主管——至少在短期如此。

或許在承平時期，這種類型的主管比較容易被接受。但是在急遽變化的環境下，我們需要組織裏的每一個人，貢獻他們所有最好的主意，我們無法承受壓抑和恐嚇的管理風格。不論我們是否能夠說服及幫助這一類型的主管作出改變——我們不得不承認這是非常困難的——或是讓他們離開公司，都是我們承諾公司轉型的最終考驗，它也將決定我們正在建立的互相尊重與信賴的未來。

一致的行動

從一九八九年起，奇異對兩百名高級主管，根據坦白、速度和自信等共有價值觀進行評等——並且以此作爲加薪及發放紅利的參考。威爾許聲稱，這些年來，沒有達到公司要求標準的主管，大部分都不是財務績效不好，而是沒有培養出共有的價值觀。威爾許問道：「如果你不想爲某人工作，爲什麼其他人願意呢？」

威爾許將這個測驗用在他自己的小組身上。威爾許表示，自從他擔任總裁以來，這是他第一次對CEC的全部成員都感到滿意。這個主管會的成員一直在改變，除了其他公司以高薪挖走博西蒂，和前任塑膠企業負責人海納等重要功臣外，威爾許也曾平靜地將一些不勝任的主管從CEC中剔除。

關於這四種類型主管的聲明，或許已成爲威爾許影響最廣泛的理念之一，但是想應用這個理念走捷徑的人，是不會成功的。

在奇異，將共有價值觀融入管理過程，表示它已積累長久、艱辛和高度紀律的努力。這些鐵石心腸的決定，又迫使奇異重新定義公司和員工之間的心理契約，對此，威爾許解釋：

「和其他許多美國、歐洲和日本的大型企業一樣，奇異也有一個暗示著終身雇用的心理契約。它是一種合夥的、封建式的和模糊的忠誠。你投入時間、努力工作，公司就會照顧你的生活。

那種忠誠，往往專注於人們內部。但是在今日的環境下，人們的情感動力必須向外專注於競爭世界。沒有一個企業是有職業保障的天堂，除非它能在市場上獲勝，心理契約必須改變。

如果還有心理契約的話，那麼新的契約對於不畏競爭的人，奇異將是最好的工作地點。我們有最好的訓練及發展資源，以及提供個人和專業成長機會的環境。」

新的合約給員工比以往更多的自由，以及更多的績效報酬，但是他們的工作依然每天都有風險。經過一段時間之後，組織所有成員共同面對風險，已成爲奇異最基本的價值觀和企業文化中的重要部分。

並不是因爲奇異衰弱或是神經質，如同一位奇異的交易員所言：「公司給予我所需要的所有資源和自主權，如果我表現良好，在這兒我可以賺到比別的地方更多的錢。如果我的表現不好，我就必須走路。這是奇異的辦事方法，當我踏進公司時，我就知道了。大家也都知道。」

單一的理念可以有不同的詮釋，二十世紀末期以後的競爭現實，需要雇主和員工之間建立新的關係，再過幾年，甚至只有運轉良好的企業引擎都不夠用。獲勝的企業是那些能夠創造人類引擎的公司，以被啓動、有承諾及肯負責的員工爲動力。守舊、以控制爲組織基礎的公司，終將爲時代所淘汰。

威爾許對奇異組織發動的革命，不小心奪走了許多奇異人如何前進的意識，共有價值觀可以幫助員工調適。

威爾許在一九八一年繼承的分權化的奇異組織，是以一百五十個左右的企業單位爲基礎。每一個單位專注於一項產品或是一種產品線，並且自己擁有所有必要的支持功能，從財務到製造都有，每一個單位也都有自己的損益表。

強調挑戰

到一九九二年爲止，奇異的利潤中心數目已經少於五十個，平均每個利潤中心有五千五百個員工。各個企業也合併它們的幕僚，增加功能性工作的責任，並且減少功能性工作的數目。

在高級管理職位有限的情況下，頻繁升遷的傳統必須拋棄。步步高升的升遷觀念變得落伍之後，也不容易說服人們相信現有的管理職務都是好的工作。一直被人輕視爲墊腳石的功能性服務，大概是唯一留下的工作。爲了取代「聖杯」的工作，奇異現在強調挑戰，增加責任、學習機會，以及可觀的經濟報酬，譬如購買股票的選擇權和紅利等。在一九八一年，只有五百個奇異員工選擇購股選擇權；到一九九二年時，人數增加到八千人。

改變經營方式之後的奇異，開始找尋和舊時主管所需不同技巧的新的主管類型。奇異的大部分單位，已經改用照明或是醫療系統採用的產品管理的矩陣式組織。這種組織的好處是節省成本、重視顧客，以及非常具有適應性，但是複雜。

同等重要的是不斷變革的能力，人們通常同時在幾個小組中工作，一旦完成某項任務，便會被指派新的任務，並且和新的夥伴組合合作。

這幾年來，公司的預期有了很大的轉變。一度恐懼的奇異人會想盡辦法「保護」任何工作或事業；經營管理幕僚唐．凱恩的研究顯示，公司二百四十八位高級主管們，在他們的職業生涯中，平均每二．二年更換一次職務。但是重視承諾與經驗的威爾許，希望人們停留在一項工作上久一點——最好四年或更久一點。

被迫放棄他們的預期，許多奇異的主管最初覺得被壓榨了。當我還在克羅頓維爾時，我加入唐．凱恩和另一位EMS成員尤金．安德魯斯（Eugene Andrews）組成的專題小組，爲奇異主管研究擬定新的職業生涯路徑。我們在一九八七年的報告中指出：「我們的專業和管理層在考慮到他們未來的職業生涯時，有越來越明顯的抑鬱、困惑和不適應。」

除非奇異人能夠瞭解自己的角色是有意義和有價值的，否則新的組織將無法發揮功效。單靠刺激性報酬是無法買到員工的承諾的，這就是價值觀成爲威爾許重整組織計畫中心的原因。

總裁對不分彼此的組織的看法，表現出他的價值觀，也是他對企業結構的描述。威爾許用這個辭彙來表達奇異所代表的每件事情的精髓：一個不分彼此的主管，必須具體表現速度、簡化和自信；誠心地服務顧客；還有許多、許多。

在最基本的層次上，不分彼此是一種合作關係，跨越把所有具有共同利益者分隔開來的人爲障礙。爲了解釋他的想法，威爾許用房屋結構的三度空間來呈現這種障礙：

●水平障礙是將團體分隔成各部分的牆——例如功能、產品線或是地理位置。爲什麼營銷不和設計商量？東京不和密爾瓦基聯繫呢？

●垂直障礙是隨著層級而產生的樓層——地板和天花板，即使是不分彼此的組織也需要幾個層級。在奇異，企業領導人和工廠工人之間，平均有四到五個層級。但是當階層的差異阻礙開放的溝通時，層級便成爲自我缺陷。

●外部障礙是公司本身的外牆。在公司以外可以發現許多和公司具有密切關係的團體，例如顧客、供應商和事業合夥人等。

不分彼此的概念，對精於複雜業務的奇異特別有用，因爲它專注於過程。的確，奇異處理複雜問題的能力，在許多企業裏都是它的主要競爭優勢。例如航空引擎、火車頭和金融服務等企業。在這些企業裏，成功需要靠大規模的團隊合作，使合作成爲組織成功的主要特徵。有了適當的人才和明確的目標，員工之間複雜的資訊網路，可以完成比任何僵硬的傳統組織更多的事情，產生有形的競爭優勢。

不是每一個人都適合這種工作類型。威爾許認爲基本條件在於他所謂的「頭腦、心胸與膽識」。「頭腦」指的是聰明才智和技術性的專業知識；「膽識」則是自信的另一種表達，是他最重視的個人素質；至於「心胸」，則是人類瞭解、體貼和願意與人分享的混合，以及能夠自我反省的能力。沒有多少主管同時具備了這三種品質。

人才培養

在威爾許擔任總裁之前，重要的職位幾乎從不對外招募。爲了扭轉這種文化，公司開始偶爾招募腦筋好的外來者，他們有兩個任務：引進新的看法，以及爲衡量奇異自己培養出來的主管提供客觀標準。其中許多移植的主管是從奇異的企業發展人員開始做起，負責評估潛在的合併和購併。其中來自波士頓顧問集團（BCG）的麥可．卡本特（Michael Carpenter），他曾經負責RCA的交易，現在掌管基德爾投資銀行；也是來自BCG的查克．佩珀（Chuch Peiper），負責照明企業的歐洲事務；以及來自布茲．艾倫（Booz Allen）的奈傑爾．安德魯（Nigel Andrew），他負責塑膠企業一年數十億美元的美洲事務。

但是奇異的主要焦點，在於發展公司內部的才能。威爾許相信有「頭腦」的人不難找到，沒有「膽識」的人也可以在克服失敗和經歷成功之後取得。至於「心胸」——威爾許一直堅持感性也可以培養，我懷疑他現在是否還這麼肯定。

毫無疑問，通過重視「心胸」的招募計畫，和公司在「解決問題」的加速改變計畫中，提供的以人際關係爲基礎的領導訓練，奇異可以幫助塑造新一代的領導人。但是激發團隊合作比管理人困難許多；一些一度被視爲了不起的經理，最後卻變成第四類型的主管。應付公司根深柢固的官僚主管的唯一方法，或許是讓他們離開公司。

威爾許本人的全心付出，使這些方法收到效果。我從未見過其他公司的總裁和威爾許那樣，花這麼多時間在人的問題上面。看看他的行事日程：他每個月至少會花兩個半天，甚至更多的時間和公司的基層員工談話，不論是在克羅頓維爾或是各地的「解決問題」課程。每年的一月，他會利用幾天的時間，審查和調整奇異四百名最高主管每個人的報酬。每年他也會花上一個月的時間在「C會議」（Session C），進行嚴格的管理評定和繼任規劃審查。

總裁的C會議是評估主管和幫助他們改進技巧，以及爲他們規劃未來的最高會議。雖然奇異三千五百名左右的高級主管，大部分是在獨立的企業單位中工作，但是奇異一直把他們視爲公司的重要資產。在這群人之外，總裁在組織圖上「擁有」數百名的最高層主管，多年以來，在C會議的審查中，總裁會以一天的時間拜訪奇異十三個事業之中的一個負責人和他的幕僚，討論他的資格、成就，和每一個高級主管的發展要求。再以他們啓發部屬的能力評比，企業領導人不得不認眞地負責。

奇異的精英，由六人組成的經營管理幕僚，負責搜集相關的資訊支援這些評斷。你可以想像，一份奇異的人事檔案絕不是隨便收集一些潦草的筆記。它包括奇異主管的實際經營結果和工作目標的比較，以及爲了報酬審查及年度繼任與發展評估所做的鑑定。

或許這份報告最迷人的地方在於成就分析（achicvement analysis），一件由兩名人力資源專家，花費一整個禮拜時間準備，長達十至十五頁的文件。內容包括詳細而徹底地評定一個主管的優點和缺點，以及其他有關的資料，從財務績效、心理狀態到健康情況都包括在內。這些報告建議進一步的發展方向：譬如建議任職海外、到研究所進修，或是像準時出席會議、尊重部屬等基本事項。

成就分析是七〇年代時，爲了評估主管們所設計的一種工具。到威爾許手中，它已成爲一種幫助主管們成長的工具，是奇異用來發展主管所使用的密集回饋和教導過程的一部分。

人力資源小組先和目標主管進行一個馬拉松式的訪問，這些會議通常需要五到六個小時。其次，他們會訪問目標主管的上司、前任上司、同事和部屬——有時候甚至會訪問顧客和供應商，第一步驟是先請目標主管詳細閱讀前面訪問的報告後，再和人力資源的幕僚討論。這些會議經常是建設性衝突發揮作用的教材範例。人力資源的人員被訓練成要說實話，他們會很有禮貌但是毫不留情，他們的坦白迫使主管們必須面對自己。回饋的過程會引起相當大的痛苦，但是人力資源的專家受過訓練，專門幫助人們渡過自我發現的情緒激蕩過程。從震驚、憤怒、拒絕到接受。重複接受這個挑戰的過程，幫助奇異的主管們贏得追求卓越的聲名。

成就分析是C會議的高潮，其他部分還包括：

●招募：威爾許敦促企業主管親自拜訪大專院校，而不是將這個工作委託給部屬。新進人員在他們第一次面談時，就可以學習到奇異的價值觀。

●報酬：爲了增加彈性，奇異大部分的企業，已經將一九八一年以前二十九個薪資等級，縮減至幾個大的級距。例如奇異最資深的四千名主管中，紅利等獎勵性質的報酬，約占他們收入的25％，他們大部分的人也取得購買股票的選擇權，至於最高層的四百名主管，獎勵性質的報酬約占他們所得的50％。第一類型的主管——那些財務績效良好又認同公司價值觀的人——表現最好。

●評定：奇異要求員工必須作自我評定——以及評定他們的同事和上司——包括各種標準和共同價值觀。被評定的人可以看到自己的資料，並且和有關的人討論。

●訓練：克羅頓維爾存在的目的，是爲了促進奇異領導人的發展。從一九八六年起，克羅頓維爾的每一個課程，都包括公開討論奇異的共同價值觀，大部分的課程都是爲了要進一步改進共有價值觀所設計的。

●獎勵與懲罰：除非付諸實行，否則價值觀的制度便毫無意義。無法認同價值觀的奇異人，比較不容易獲得升遷——有重大違反則會遭到開除。能夠具體落實共有價值觀的人，可以快速晉升。奇異十三個事業單位的大部分負責人都才四十多歲。

PART 4

創造無界限的組織／善用人力

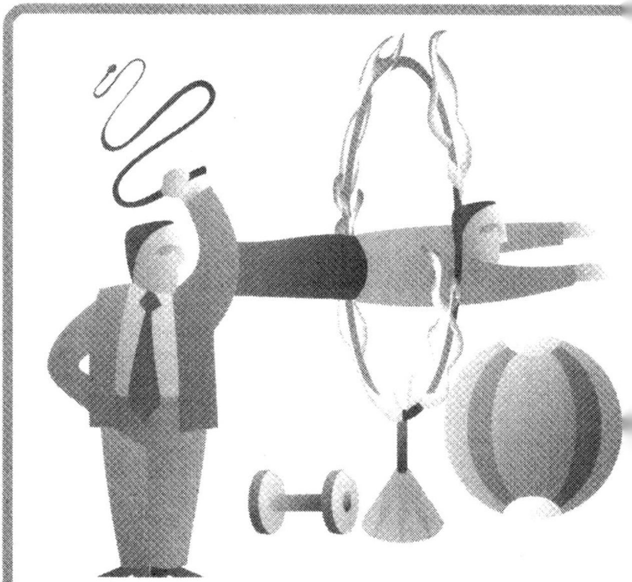

Part 4

創造無界限的組織／善用人力

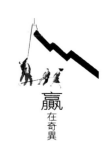

第13章　減少管理層次

威爾許改革組織結構的目標很明確，那就是縱向的高度集權與各管理層的獨立決策同時並存，既能保證全公司的經濟活動，服從一個統一的策略方向，又能保證各管理層的自主決策，使各基層企業具有相應的權力和靈活性，以應付複雜多變的環境的挑戰。

充分向下授權

這種改革的重點之一是：通過減少管理層次，充分向下授權，使決策儘量由最瞭解有關情況的管理人員做出。有人曾擔心，減少管理層次會破壞奇異公司原來的那種指揮和控制系統。威爾許滿懷信心地認爲：「我所做的，不會危及本公司在財務上的指揮及控制系統。我們消除的是組織間不必要的指揮關係，但仍保持原來必要的控制程序。大公司不少幕僚人員平時的工作，似乎與許多事業都有些關聯，他們看起來很重要，也分享事業的成功。但事實上，如果沒有他們，那些事業一樣會運轉得很好。相對地，他們如果沒有和那些事業相關聯，就會變得無所事事。這些人的工作，便是做些不必要的稽核、管理、控制工作。」

奇異公司實行「公司→產業集團→工廠」的經營管理模式之後，砍掉了一些中間層次和繁雜的橫向聯繫的管理環節，將原來八個層次的管理體制，減少到四層，有的向三級、二級管理過渡，從而形成了決策→經營→生產這樣層次分明的管理體系，使整個公司的指揮和運轉系統靈活自如。

在壓縮層次錯綜複雜的組織結構過程中，奇異公司強制性地要求整個公司任何地方，從一線職工到總裁本人之間，不得超過五個層次。

就這樣，原來那種高聳的寶塔型結構，變成了低平且堅實的金字塔結構：公司總裁——十三位事業總裁、各職能總經理——各地區、區域經理——一線職工，從而在很大程度上消除了官僚主義及其各種弊端，提高了管理工作效率。

消除障礙，提高效率

管理層次的減少，首先就體現在管理效率的提高上。

在威爾許擔任奇異最高負責人之前，奇異公司的大多數企業負責人要向一個集團負責人彙報，集團負責人又向一個部門負責人彙報，部門負責人再向業務最高負責人彙報。每一級都有自己的一套班子，負責財務、推銷和計畫以及檢查和復查每一個企業的情況。威爾許解散了這些「集團」和「部門」，消除了它們所引起的組織上的障礙。現在，企業負責人與業務最高負責人辦公室之間沒有任何阻隔，可以直接溝通。

更使人們驚歎的是：威爾許通過這種機構改革，把這麼龐大的巨型公司的行政管理人員，從一九八一年的一千七百人減少到一九八七年的一千人，到一九九二年更減少到只剩下四百人。這一事實本身就意味著公司總部的管理效率有多高，以威爾許的話來說，「我們管理得越少，卻管得越好了。」

經過裁員以後，公司行政班子的干預大大減少。過去，企業每月都向總部提出一份財務報告——儘管沒有任何人使用它。奇異公司的財務主任丹尼斯．戴默曼現在讓各企業把每個月的數字留在他們自己手裏。他的財務班子把更多的精力用於改進「影響最終結果的事情」——如存貨、應收賬款、現金流動狀況。財務班子不再是整天盯著幾個小數點，而是用更多的時間來評估可能做成的生意。

這種管理層次的減少，不僅體現在公司的主要決策體系上，也表現在各個直接經營單位內部。

以奇異公司重型燃汽輪機製造基地爲例，全廠有兩千多名職工，年銷售收入達二十多億美元。全廠由一位總經理負責，他下面只有幾位生產線經理，如葉片生產線、裝配線、調試線等，每個生產線經理直接面對一百多工人。沒有班組長，也沒有工廠、領班，更沒有任何副職。又如飛機發動機公司，一九九〇年開始，把廠長以下的各級組織全部取消，把協調人員、技術人員、市場銷售、質量控制和供應人員與生產工人混在一起，自願組成若干業務小組，每組二十至五十人，選舉產生組長，進行自我管理整個生產工序，實行自我控制，只有最終產品的質量檢查和控制。

與壓縮管理層次的組織改組相適應，在幹部設置上，從公司到產業集團直至基層，都採用上層的副職擔任下一層次的正職的辦法，每個人只向一個上級報告工作，因而層層有職、有責、有權，避免了多頭領導，做到決策迅速，辦事效率高。每一個產業集團的主要負責人，都是公司的高級副總裁，而產業集團的副職，都是產業集團某一主要部門的負責人，分管一個主要部門的工作。這樣的幹部設置，既保證了產業集團一級負責人參與公司一級事務的討論、決策，瞭解公司的工作目標和戰略思想，以便更好地貫徹公司的總體策略，也使公司可以更好地瞭解下面的情況和意見，便於正確決策。這樣的機構設置人人職責明確，避免了下級向上級的多頭彙報和越級彙報，以及上級越級干預下面工作而產生的混亂。

充分授權，提升競爭力

奇異公司的領導層認爲，壓縮層次的目的，就是要讓上層管理人員管不了下屬，假如他還管得了，就說明還壓縮得不夠。一旦管理人員管住了下屬，那麼下屬的主動性和創造性就被扼殺了。採取較寬的管理幅度，就是要迫使每級管理人員向下級授更多的權，讓下級充分發揮其自主性，同時有利於上、下級之間的資訊溝通，特別是基層人員的意見，能很快反映到公司的決策層。

這種改革確實增強了各運營部門的競爭能力。奇異公司飛機發動機集團負責人布萊恩說，如果實行多層次的決策，他的發動機廠的市場佔有率是不可能增加這麼多的。迅速的決策使他們爭取了時間。他們在與聯合工藝公司的分公司普拉特——惠特尼飛機公司的競爭中，一次就得到了價值十多億美元的飛機發動機訂貨。布萊恩說：「要是按照過去那一套煩瑣的程序辦，我們大概還停留在談論階段呢。」

以上所說的新組織結構效益，僅僅是就整個公司減少「管理層次」而言的。我們還可以從其他方面來考察這種效率。例如，把上百個事業單位重新分組，組建成十餘個企業集團，這種改組行爲本身，就爲增加奇異公司的整體競爭力，提供了良好的組織基礎。

通過這種改組，奇異公司的每一個產業集團，幾乎都可以爲用戶提供成套產品。例如能源設備集團，可以提供從發電、輸變電，一直到控制設備的所有電站和變電站成套設備，因此成立產業集團，將工廠的銷售業務集中到集團一級，就可以向用戶提供成套設備、成套服務，方便用戶。市場開發部門可以帶著成套的產品去開發市場，同時向科研部門回饋資訊，以便成套開發新產品。這樣就使企業在競爭中處於優勢。

將產業集團內工廠的銷售業務集中以後，可以集中銷售力量，避免內部競爭，加強對外競爭的力量。

材料集中管理

產業集團將各生產廠的材料供應也集中管理，由材料採購和管理部門統一採購供應，在美國這樣一個原材料買方市場的社會裏，是比較容易做到的。這不僅減少了採購人員及費用，更重要的是由於材料集中管理後，對材料生產廠來說就是一個大買主了，這樣，在買方市場上就具有較強的討價還價的地位，因此對降低原材料採購價格帶來好的影響。同時，由於供、銷集中在產業集團一級，工廠成了一個管生產的成本中心，產業集團對工廠只考核生產成本、產品質量和交貨期，工廠的主要精力也用於提高質量，降低成本上，有利於產品生產成本的降低和產品質量的提高，從而增強了企業的競爭力。

在調整後的組織結構中，企業集團也把一部分權力下放給工廠，下放的權力主要是與生產直接相聯的許可權，並且是與工廠的如下目標相應的：

1. 改進顧客服務。奇異公司的口號是「我們明天的買賣，取決於今天的質量與服務」，「我們的目標，是百分百地讓顧客滿意」。

理想的機構是能夠迅速解決技術問題、迅速報價、嚴格執行合約、提高履約率，更好地滿足顧客的需要。

2. 縮短製造周期。機構應確保在最短的時間內，完成從接受訂貨到交貨的全部過程。縮短周期能減少資金佔用、降低成本。

3.實行最短、無停頓的工作流程，取消不必要的處理過程與環節。工廠由於具有一些相應的決策權，也努力於提高生產率與降低成本的活動。例如，在紐約州斯克內克塔迪的渦輪工廠，計時制工人抱怨他們所使用的銑床。很快的，他們就贏得有關當局投資兩千萬美元更新機器的批文和說明書，他們自己測試和改進機器。結果，周轉時間（銑削鋼材所需的時間）減少了80％，降低了庫存成本，同時也提高了滿足顧客需求的反應能力。

這是一個能很好地體現威爾許的向下授權原則的例子：把決策盡可能讓給最瞭解工作的人。因而，他一再強調，企業成功的關鍵，在於對下屬的授權，無論是對中級或下層主管，都要給予充分的權利。「我們可以肯定地說，奇異公司內部在過去幾年的任何良性轉變，或多或少總是與個人、組織或整個事業的自由化有關。」

工作流程簡化

在一九九一年十二月的《財富》雜誌中，有一篇標題爲〈我希望美國企業在一九九二年做些什麼〉（What I Want U.S. Business to Do in 1992）的文章，內容是邀請企業、政治、宗教及學術界的領導人物，對這個題目做簡短評論。威爾許也是受邀發表評論者之一。他在評論中寫道：

「我們在企業裏，必須把那些無形的隔閡或障礙都打破。然後，能使企業界更多的人，把心思花在效率的增進上。」

「技術的突破固然是效率增進的重要因素，但畢竟是屬於企業內極少數研究發展專家從事的工作。一般員工的效率增進，便是指工作流程的簡化。辦公室裏的某些決策，原本需要六天的時間，但若合併、刪減其中的步驟，其實可能只需要一天，這就是效率。工廠現場操作的工人亦復如此。每一個員工都需要就自己每天進行的工作加以檢討，因爲只有他們最清楚影響流程效率的問題在哪裏。」

「管理階層在這方面扮演的角色，便是創造一個鼓勵員工增進效率的環境，這個環境包括資訊的充分供應與交流，也包括適度的激勵。」

威爾許知道，儘管在八〇年代對奇異公司的組織層次和官僚體制，已經進行了大幅度的改革，但仍然還有許多事情需要做。他在一九九一年年報中寫道：

「奇異各事業的文件中，我們仍不難找到需要五個、十個或更多簽名才能完成決策的情況。有的事業仍會看到在小地方便有過多的層級——鍋爐操作員向領班報告，領班向設備經理報告，設備經理向工廠服務經理報告，最後再向廠長報告等。」

很明顯的，威爾許希望進一步減少組織層級。這不是什麼新鮮的論調，但他用了一個新的比喻。「層級有隔絕的作用，它使得決策過程變慢，甚至於會曲解向上傳達的訊息。高層級的領導者往往像在冷天穿了好幾件毛衣的人，他們自己感到溫暖舒適，卻往往不能夠察覺天氣到底有多寒冷。」

第14章　創造公司的學習文化

八○年代末和九○年代初，傑克．威爾許著手建立了一個開放的、自由的奇異王國。

九○年代中期，他開始提倡讓每個雇員相互學習，並向公司外部學習。威爾許喜歡說，奇異的競爭力的核心在於通過商業活動，通過他所謂的「無界限的組織」共用好主意，他把公司看成一座天體營，共用思想、金融資源和管理人才。

開放對奇異來講是至關重要的，只有這樣，它才能從內部和外部學習：

> 我們很快發現，多元化公司成爲一個開放的不斷學習的組織是至關重要的。最終的競爭優勢在於一個企業的學習能力，以及將其迅速轉化爲行動的能力。可以通過各種途徑學習——比如向偉大的科學家、傑出的管理案例、以及出色的市場技巧學習。但必須迅速地吸收所學到的新知識，並在實踐中加以運用。

求知若渴

九〇年代初期的「群策群力」計畫，打開了奇異對新點子求知若渴的胃口。

這個計畫揚棄了長期以來，只有最高執行長和奇異高級管理階層才知道什麼對奇異最有利的看法。就像總財務長丹默曼觀察的心得：「傳統上，在奇異這家公司裏，發明家和創造者才是英雄，而不是動手做的人。你希望把一切好事都攬爲自己的功勞，因爲這樣，你才能成爲英雄。看看愛迪生，他不是一位傑出的企業家，是摩根（J.P.Morgan）在一八九二年把他推出來的。但很明顯的，本公司十九世紀九〇年代的英雄是愛迪生，而不是摩根。然而在今天，要成爲英雄，你不只是要發明，還要能找出好點子，並讓你的團隊落實這個點子。」

如果所有的主意都得靠威爾許來想，首席執行長苦笑著說，「不用一個鐘頭，奇異這艘航空母艦就會沈沒。」

到九〇年代後期，「群策群力」已滲入奇異的企業文化之中。這種好學精神反映了公司的開放原則，鼓勵組織中各階層交換想法，這種無界限行爲超出了奇異本身。因爲威爾許鼓勵員工，不僅在公司內部，而且可同其他公司之間交流思想。

威爾許提倡好學精神已有好多年了，不過早些年裏他使用了別的名詞。早在一九九〇年，他談到「協調的多樣化（integrated diversity）」的概念，把它描述爲「消除了部門之間的界限，思想可以在公司內流動」：

> 協調的多樣化……意思是通過共用思想，尋求先進技術的多種應用方式，和在事業部間保持人員流動以喚發新見解、拓寬經驗，從而把我們的十三個不同的事業部結合在一起，而協調後的多樣化，使我們的公司比各部門單純的疊加更爲強大。

奇異的獨特性

他觀察到，只有在多元化的元素——也就是十三個事業單位本身的能力夠強時，多元化整體才行得通；奇異不能靠著以大事業支撐小事業、或是強者扶助弱者而成功。這就是爲什麼威爾許在八〇年代，一直強調創造堅強、獨立事業的重要性。

威爾許喜歡說，奇異的獨特性，是基於它是一個擁有學習文化的多元化事業企業體；這使得奇異的多元化成爲競爭優勢，而非缺陷。

像奇異這樣的大公司，熟悉世界各地的經營思想，但是，使之具有競爭力的唯一方法，是激勵一種對新思維的普遍的、永不滿足的渴求。

必須強制分享和運用那些新主意：

這種無界限的好學精神，否定了奇異之路是唯一的道路，甚至是最好的道路的觀點。如今，一個重要的假設是，別的人，別的地方，會有更好的方法；一個迫切的壓力是找到誰有好主意，學到它，並將它付諸實踐——而且要快。

威爾許繼續說道：

一個點子的品質，不是看它在組織內的哪一個層級蘊釀出來的……，點子可以來自各方。所以我們可以翻遍整個地球找好點子。我們可以用自己所知的與他人交換。我們一再要求要提高標準，但是我們要不斷地和他人交換點子，才能達到這個目標。

威爾許讚揚奇異的學習文化，改善了公司以下各方面的表現：

●營運獲利：過去一世紀都低於10%，然而在過去五年內，已提升至15%的水準。

●存貨周轉：這是資產應用靈活與否的重要評量，一世紀以來，其範圍都在三十到四十億美元之間，但現在已是過去的兩倍，一九九六年更締造了六十億美元的現金紀錄；其中半數是用在股息發放方面，半數則用來買回股分。

●公司營收：在八〇年代，都只有個位數的成長，但在九〇年代中期，已達到兩位數的成長規模。

拿出了口袋裏寫有奇異九項價值觀的卡片，威爾許強調：「在我們宣揚的價值中，有一條是『對所有想法保持開放的態度……，不管點子來自何方』，若有人不懂這一點，上蒼保佑他，他是不會和我們有關聯的。」

或許有人會問，奇異各事業部之間是如此的不同，來自一個部門的方法，如何能應用到另一個部門中？奇異內部是否僅是簡單地拼湊，而非眞正結合在一起？這樣一個大機構如何交換想法？

威爾許回答說，部門之間並非完全格格不入——那種交流眞的很簡單。

他懇請奇異的員工，不要將事情弄得複雜化。

他喜歡講，奇異知道如何使資金和人員流動。但是觀念的流動是最困難的。

「威爾許說，觀念的流動其實眞的很簡單，」克羅頓維爾的斯蒂夫．柯爾說，「因爲威爾許將使你確信『最佳案例』就在那兒，如果不能發現它，你應該感覺很糟糕，你應該想想，爲什麼你不能從其他事業部——比如塑膠事業部那裡——學到東西呢？」

威爾許在一九九三年給股東的信中坦率地承認，奇異大量借鑒並得益於其他公司的好主意。

奇異採納了克萊斯勒和佳能公司的新產品介紹技術，採用了通用汽車公司（GM）和豐田汽車公司的高效原料供應技術，從摩托羅拉和福特公司學習質量行動（談到質量計畫，威爾許得意地說：「令我自豪的是，這計畫不是我們發明的，是摩托羅拉公司首先發明了它。Allied緊跟其後，我們也採納了它。這是榮譽的象徵，沒什麼不光彩的，這是我們做的一件大事。」）

通過採納IBM、強生（Johnson & Johnson）、全錄（Xerox）等公司的建議和最佳方案，奇異迅速打入了中國市場。

威爾許也很得意地指出，奇異的事業共用了許許多多的事物，包括技術、設計、人事花費和評量制度、製造技術，以及顧客與國家知識：

- 氣渦輪事業與飛機引擎事業共同分享製造技術
- 汽車及運輸系統合作發展新的火車頭推進系統
- 照明和醫療系統合作，提升X光管的生產程序
- 奇異金融服務提供的創新財務套裝服務，幫助了奇異所有的事業

例如，奇異金融服務可以透過奇異電力系統，獲得穩固的市場消息，因爲奇異電力系統負責興建發電廠，對公用事業十分熟悉。奇異金融服務在得知發電系統的後勤操作上有一些問題時，就得以開發新的生意。因爲電廠正想將記賬和收款等麻煩的後勤工作放出去。奇異的零售金融服務小組，就是負責處理七千五百萬家店的信用卡記賬和收款業務，知道這回事後，就展開行動去爭取這筆會計賬——奇異金融服務的新商機。

威爾許又說了另外一個醫療系統的例子，以解釋奇異的事業是如何互相學習。

在醫療系統裏的服務人員，對於如何將眞正的技術應用在服務事業上有顯著的進步。他們知道如何從遠處去監看一部裝設在醫院內的奇異顯像掃瞄機。更值得注意的是，他們也已學會了在線上找出和修復故障狀況，常常在連顧客都還不知道出問題時，他們就搞定了！

醫療系統並將這套技術，分享給飛機引擎、火車頭、汽車、工業系統及發電系統等其他的奇異事業。現在，這些奇異事業已學會如何監看奇異生產的大量產品的運作狀況，包括飛航中的噴射引擎、全力運轉中的火車頭和碎紙機，以及在顧客電廠中發動的渦輪機。

這種能力，爲奇異帶來了能夠創造數十億美元收入的服務業的機會。

在實踐中印證奇異的好學精神的另一個例證是，一九九七年三月發生在奧蘭多的事件。

威爾許正在會見來自醫用系統事業部的推銷員。在他和其他主管人員講話之後，一位年輕的推銷員站起來，抱怨他和他的同事們沒有得到應有的報酬，他們的薪水被一周接一周地推遲。由於不能及時拿到薪水，他難以維持家用。在其他公司，可能會因他這種直接向首席執行長抱怨的舉動而解雇他。

但是四天後，銷售副總裁給威爾許寫了一個條子，說明問題已經解決，他還寫道，他已打電話感謝那個年輕人，並指出總裁爲這種勇於提出問題的舉動而驕傲。威爾許授予這名年輕的推銷員一項一千美元的「首席執行長謙遜獎」，以表彰和鼓勵他大膽講眞話。無論別人把這名推銷員說成莽撞也好、瘋狂也好，但威爾許卻認爲，這位敢講話的年輕人在幫助奇異倡導好學精神。

爲了鼓勵好學精神，威爾許認爲應給予員工以慷慨的補償，但必須讓員工明白，這種補償是因爲他們有助於團隊工作和資訊共用的舉動而發放的。奇異的執行長應得到怎樣的報酬呢？當威爾許在一九七九年成爲奇異的副董事長時，他僅僅擁有不到一萬股奇異的股權。當他在一九八一年成爲首席執行長時，僅僅有二百名主管得到股票。到九〇年代後期，如果一個人成爲副董事長，他可能擁有一百萬股股權！到一九九七年底，大約有二萬七千名奇異員工擁有奇異的股權，通過401K計畫，奇異公司的員工持股數量已翻了五番：從一九九一年的二十億美元，增長到一九九七年底的一百億美元。這些數字證實了這樣一個事實，那就是威爾許願意慷慨回報他認爲奇異最有價值的資源——人才。

全球最博學的一群人

威爾許要如何確保知識能在不同的奇異事業中得以共用呢？或許最好的方法就是透過行政主管會議，這是一個奇異高級主管的論壇，每季開會三天整，每年第一次聚會是在三月十五日。這個日期並不是訂死的；行政主管會議通常都是在每一個業務季結束前幾個星期召開。

行政主管會議是奇異公司裏，僅次於董事會的最高階論壇。出席者二十五至三十人：傑克．威爾許、副董事長——鮑羅．法蘭斯科（Paolo Fresco）、約翰．歐皮（John D.Opie）和尤金．墨菲（Eugene F. Murphy）、十二位事業領導人、五位高階公司主管，以及十七個事業員工主管中的代表。偶爾，較低階的主管也會被找來，在行政主管會議上作報告。

威爾許喜歡讓行政主管會議的氣氛輕鬆一點，所以會議裏從來就沒有什麼深度的、正式的議題。總財務長丹默曼可能會在開會前，分發一分簡單的通知給與會者，提醒他們威爾許可能會強調的特定主題，例如「高品質計畫」之類的。但除此之外，沒有特定的內容。

在八〇年代，行政主管會議都在公司總部舉行；後來改到克羅頓維爾。威爾許覺得，領導人才培訓中心非正式、校園式的氣氛，較能鼓勵事業領導人之間有更多的交流。

行政主管會議從周一晚上的晚宴展開整個會期，接下來就是非正式的聚會。會議是在名爲「洞穴」或「講堂」的兩間會議室中召開的。周二的會議在上午八點開始，一直到下午六點，中間只有一次午餐的休息時間。威爾許總是負責開始會議，但他很少重複使用同樣的開場白。

有時，他會把前一週才播給奇異董事會看的投影片，再放一次給與會者看，作爲開場白；或者；他會詳述最近一次造訪某一奇異事業的細節；又或者，他會針對美國和世界經濟作一場演講。這一切都只是開球動作！在這番開場白後，總財務長丹默曼將報告公司的財務狀況；接著就是一些其他事業主管的報告。

這只是前九十分鐘的議程而已。

然後，各事業領導人會就各自的部門，進行一番深入的季報與年度表現預測。在這個階段的討論中，還包括了一些鉅額銷售的激烈競爭故事，以及許多他們如何贏得或輸掉某一筆交易的細節。他們還要討論任何有意思的新技術發展，或是突破性產品的開發、新的結盟、併購或關閉。雖然這都是很嚴肅的事業議題，但整體的會議本身，卻令人意外的用非正式的方式進行。有很多的互動，演講者要即席回答來自台下的問題和評論。

奇異的事業領導人也必須評論幾項全公司的新作法對其事業的影響。品質是董事長心中的第一等大事，所以他會問：新進人員的品質訓練如何？這些品質提升計畫怎麼樣？他們有沒有什麼經驗值得其他奇異事業師法？

有些點子會被採用；有些則被摒棄。一九九七年某次行政主管會議上，奇異金融服務企業的負責人溫特提到，他的新進員工訓練，現在會花一天時間在「六標準差」的訓練上。威爾許很喜歡這個點子，部分的事業領導人也喜歡這個點子，計畫要在自己的事業裏採用；其他人則說，他們看不出有改變現行的新進員工訓練計畫的必要。威爾許不會施壓，要求大家採用任何在會議中提出新的「最佳作業方法」。威爾許對其高階人員的要求，只有開發新點子了，並採用那些他們喜歡的點子。這對他來說就很足夠了。

如果有其他的奇異員工參加行政主管會議，也不是什麼稀奇的事。舉例來說，如果企業管理或主管養成課程（這是克羅頓維爾的兩個訓練課程）剛完成了一個研究，其主題引起行政主管會議的興趣，威爾許和克羅頓維爾的負責人柯爾便安排課程裡的成員，在行政主管會議上簡報這個主題。他們可能會談到奇異在東歐或拉丁美洲的商機，這是一個對行政主管會議成員絕對相關的主題。

一年內另外還有三個行政主管會議：六月中、九月中和十二月中旬。會議上，沒有人記筆記或錄音。威爾許最不願意的，就是他的事業領導人深陷於文件泥淖之中。行政主管會議背後的目的，是提供學習的經驗，一個可以交換想法的有意義之論壇，而不是另一個死氣沈沈、徒增負擔的官僚會議。「這裡有一股學術氣氛，」發電系統的負責人納迪利說：「沒有人覺得他必須比另外一個人強。這裡有一股眞正分享的感覺。」

當行政主管會議的人結束四十八小時的會議離開時，威爾許很自豪地說，他們可能不是世上最聰明的人，但絕對是知道得最多的人：

> 我們接觸到了所有相關的主題。中國大陸發生了什麼事？這個事業或那個事業發生了什麼事？四十八個小時裏，大家分享彼此的想法，明白不管什麼想法都對整體有貢獻……，就像是家庭俱樂部一般，又像是重回大學。那感覺很棒。我坐在角落裏，貢獻我的想法。沒有人捨得缺席，也從來沒有人缺席。

學習——只有學習。我們緊抓住這個原則。在奇異，「學習組織」這個想法是非常眞實具體的。多數的組織不會在會議中開發想法或意見。爲什麼不呢？因爲每個人都是對來自同一事業的人作報告。他們只能談垂直事業。但我們談薪資計畫、中國大陸、一般性的問題。

建立學習文化帶給奇異的領導者很大的壓力。柯爾說：「有時這些領導者會對我說：『我有一個最棒的想法，但傑克就要來訪了。快幫我把這套最棒的方法推行到全公司。我可不要在傑克來時，被逮住只有我自己有這個想法。』重點是，這位管理者瞭解，光有好點子是不會受到獎勵的，你必須把點子和其他人分享才行。」

行政主管會議的設計，就是要發掘點子，但威爾許把自己大部分的精力，用來確定好點子能夠快速地落實。奇異飛機引擎事業的領導人小麥奈尼指出，行政主管會議裏的討論中，只有10%的重點是在點子本身的價值上；其餘90%都在談執行時會遭遇到的挑戰。「在某些組織裏，他們談的是點子，然後就結束會議了。只有這裡，他們才會想到要如何應用這個點子。傑克強迫我們十二人要很快地想出點子的應用方式。所以奇異不只有一個學習文化，更重要的是學習文化的應用。這就是我們希望能讓我們與眾不同的地方。傑克比多數的人都更能應用所學。他促使我們也這麼做。」

在一九九七年九月的行政主管會議裏，奇異醫療系統領導人伊梅特提及，奇異運輸事業的「儀錶板」（dashboard）式顧客服務追蹤程式比他自己的事業做得好。當伊梅特回到自己的總部後，就打了電話給奇異運輸事業的領導人約翰．萊斯（John Rice），表明他想派一組小隊過去，看看萊斯的公司是如何做到的。幾個星期之後，伊梅特的小組學到了這個技術。「一切都是由傑克開始的，」伊梅特說：「這套哲學是『我們永遠沒做到我們能達到的水準』。當你在行政主管會議上時，你注意到每個人都在伸展、每個人都在嘗試——雖然每個人都很辛苦。但我每次走出這些會議時，心裏總會多了四、五個可用的新點子。」

奇異副董事長墨菲回憶起當他主持飛機引擎事業時，曾在行政主管會議上提出一個想法，這是他從負責飛機引擎事業「高品質計畫」的肯恩．梅爾（Ken Meyer）那裏得到的點子。梅爾已做出整整兩頁的報告，以評鑑某一特定事業進行「高品質計畫」的進度。同樣的，威爾許愛死了這個點子，而梅爾的提議也獲得其他事業的採納。

奇異照明事業的領導人卡爾漢很得意地宣稱，這套學習文化已成爲奇異人思考時很自然的一部分。他主持奇異的火車頭事業，當他想改進公司交送零件給顧客的方式時，觀察到了這個現象。有一組人奉命去訪問各個奇異公司的現場以學得經驗，現在這已成爲奇異公司做事的風格了。「這是個很有趣的工作地點，」卡爾漢說：「最難的工作之一，就是坐進自己的小空間裏，自己想出一個新點子。現在，我們則很理所當然地出去學習，再落實。雖然你有這麼多的點子，但你必須篩選出眞正想要的。」

威爾許在一九九七年的夏天說：「今天，人們到各處去找點子。如果我向聯合訊號公司（Allied Signal）的最高執行長賴瑞．波西迪（Larry Bossidy）或摩托羅拉等其他公司學習，那是勇氣的象徵。這在過去本來是被視作軟弱的。排行不重要、頭銜不重要，重要的是要贏，這才是最重要的。」

他驕傲地指出一項員工調查，其中有87%的奇異員工相信他們的點子對整個事業有幫助。「這是一個令人無法置信的數字，無法置信。如果你在二十年前這麼做，可能只有5%。」他也很高興奇異的員工，不必受太多的刺激就能接受學習文化。他特別高興的是，在一九九七年夏天，奇異家電事業派遣一個兩人小組，到另一個奇異事業去尋找「最佳作業方法」：

那是能讓他們活力十足的計畫。他們會在八月底前見識到所有的最佳作業方法，再看看哪一種適用。這是一套完全不同的思考方式——「讓我學習」。我不用「協力」這個詞，因爲這是一個平凡的字眼。如果我們這裡所有的人每天早上起來時，都試著去找出一個更好的方法，一切就會自然地做好。那些家電事業的人，出去尋找所有事業的回春妙藥，帶回最好的點子。現在我不能因爲自己想怎樣，就下命令要大家照做。只有當他們自己想到『我要如何不斷學習』，才會有用。」

當某位記者寫道，有些人覺得，單一產品的公司比多元化公司更強壯時，威爾許駁斥這個論點。他視單一產品的組織，如IBM、施樂百（Sears Roebuck）和柯達等，都正面臨困境：

因爲他們的組織是封閉的，人們只在自己的部門中溝通。他們走上坡時，認爲自己打不垮；等到他們走下坡時，又自覺無法解決任何問題。在奇異裏，有些事業一直有問題，但我們有經驗，可以用來協助陷於低潮的部門。那是我們的優勢。而我們的經驗像是在暴風雨中滾動的雪球，越滾越大，挾帶了越來越多的雪。

如果你運用了多元化整體的觀念，就能讓公司價値多倍增値。十年前，你在奇異會習慣把點子留給自己。現在，你交流的點子越多，受到的獎勵越大。我們已改變了我們的行爲模式及評鑒制度。

學習文化的壓力

這種好學精神也帶來了內在的壓力。

例如，公司執委會給所有不能參加會議的員工創造了壓力。他們坐立不安地想著會議上會產生什麼新的主意，他們的首席執行長明天將從會議上，帶來什麼樣的新主意來實施。

奇異的雇員們都想成爲「最佳經驗」的創始人。他們不想被首席執行長告知，其他的事業部已想出了重大的新思路。

除了這些壓力，好學精神也有益於那些想進步的人們。奇異審計部主任帕特里克．迪普伊（Patrick Dupuis）講解了奇異電器事業部，怎樣通過從其他部門學習改變了它的處境。「奇異電器事業部，無論在產品質量還是在經營品質上，做得都十分出色，但它在質量計畫上的進取心和關注程度，不如其他事業部。戴夫．科特（Dave Cote）（他在一九九七年六月成爲該事業部的負責人）花了兩周時間，帶著他的全部人員考察全美，並帶回了最好的經驗。兩個月後，電器事業部在經營品質上已名列前矛了。在集團中處於中游的位置將是使人沮喪的。它想繼續向前。繼續向前的壓力、不斷學習的壓力是巨大的。你永遠不能坐下來說：『可以歇一會兒了』，實行一種最佳方案，並把它不斷地改進提升到一種更高的層次，將使人有一種高度的自豪感。」

有人認爲，奇異的盈利主要依賴於它獨特的企業文化，尤其是九〇年代後期的好學精神。美林證券（Merrill Lynch）的兩位分析師，第一副總裁珍妮．G．特里爾（Jeanne G.Terrile）和助理副總裁卡羅爾．薩巴格（Carol Sabbagha）寫道：

> 我們通常認爲奇異是一個大型的、有吸引力的、低技術的美國公司，它本來可能因其久遠的資歷而自命不凡。但它沒有。它的產品可能不會使它偉大，因爲在今天，他們必須有品質的創新。NBC不頂用，燈泡、機車以及家用電器都不是持續增

長的產業。即使奇異中最令人振奮的部分工業——發電、醫療器械和飛機發動機——也受到了競爭對手強勁的壓力。看起來沒有什麼實在的浪潮，能推動整個奇異前途。

英特爾公司趕上了潮流，迪士尼、耐克、微軟等公司也是如此。然而奇異，不管是在好日子還是在壞日子，總能盈利、而且表現出色。看來這只能歸功於管理藝術了。……像十六世紀的英國，雖然氣氛很差，但湧現出了許多偉大的藝術、探險活動並帶動了經濟增長。在奇異雖然產品有時銷路不暢、環境不利，但令人讚歎的管理藝術總是能使它有所發展。公司可能像又大又老的古木，但奇異的管理絕不是這樣。

分析師們整理出來的這些東西，也可稱之爲「威爾許因素」。特里爾和薩巴格指出的「令人讚歎的管理藝術」，就是由一個人創造的，這個人使大多數人相信，經營公司最好的方式，不是自認爲擁有解決所有問題的正確答案。

大多數人不是這樣想的。爲什麼非要認定，像傑克·威爾許這樣的一個人，可以解決所有的問題呢？

然而，正確答案的確不在某一個人這裡——也許在某處。關鍵是尋找到解決的辦法，並且一旦找到好的辦法，就要盡可能快地去落實它們。

這看起來像剽竊，但它是合法的，它是盈利的。歷史已經證明，它使一個公司變成了世界上最具競爭力的企業。

第15章　行動指南

群策群力的理念，是傑克．威爾許旨在推動奇異企業文化的變革。這種變革有幾個具體目標：

1.在全公司形成辯論的風氣。

2.將「老闆因素」（威爾許的用語）清除出奇異公司。

3.重新定義管理的概念。經理們現在必須傾聽員工的意見。員工們有權力——確切的說是「有責任」——提出他們自己解決問題的思路；老闆們不再獨佔決策權。

4.清理奇異。理順工作的次序，提高生產效率，簡化並明確審批的程序。

5.消除浪費時間、浪費精力的現象。解除諸如奇異這種大型公司長期以來背負的不必要的負擔。

如何實施群策群力計畫

在群策群力開始推行的第一年內，傑克．威爾許希望奇異的每一個人都必須建立起群策群力的意識。但是，考慮到奇異的員工剛經歷了大裁員，尚懷有恐懼情緒，威爾許在計畫試行初期，策略性地採取了志願參與的方式。

奇異鼓勵各部門盡快召開群策群力會議，而不必擔心是否做好了充足的準備和計畫。也就是盡可能發動更多的人參與到群策群力的計畫中來。

早期的群策群力會議不局限於具體的工作話題，任何問題都可以討論。後來，隨著參加者不再對該計畫抱持懷疑的態度，會議的議題也逐漸集中於某些具體的目標上。

各部門的主管督促與會者多與其他員工溝通思想，從中尋找需拿到會上討論的課題。群策群力的組織者也提醒與會者去自由地提出話題。

組織群策群力需採取的步驟

一、準備

1. 指明將召開群策群力會議的部門或機構。
2. 按組織者的指示發出信函。信中詳細闡釋了群策群力的內涵，並發出邀請。

明確了會議的時間安排。受邀者是否與會，可完全根據個人意願而定，不做硬性要求。

3.發出第二封信。第二封信將寄給那些已應邀與會的人，明確了具體的會議地點。

4.明確會議的著裝。要求員工與經理們與會時都著便服——卡其布制服、T恤。目的是消除二者之間的差別。

二、會議開始

會期通常為期三天。地點通常不在辦公地點，而選擇在一家飯店。群策群力的組織者認為，如果會議在辦公室召開，與會者會利用休息的時間回到自己的辦公室、接聽電話等等。會間休息是大家相互熟悉交流很寶貴的機會。與會者被嚴令禁止光顧飯店的健身中心。（會議的目的是改進奇異的經營，而不是改進員工的身體狀況。）

組織者還會做了如下安排：

●派人全天候守在會議室外，傳遞緊要的工作資訊。而不緊迫的資訊會等到會間休息時傳達（當然，不能因群策群力的會議而影響奇異的正常經營，或造成不必要的損失。）

●群策群力的會議地點不能離辦公地點太遠。與會者可能需要就某項議題徵詢同事的意見。當然，最好他們通過電話與辦公室聯繫。除非絕對必要，不鼓勵他們在與會期間回辦公室。

●從辦公地點選派人員到會半天。在會議室後面的桌子上放置工作手冊（會址接近辦公地點，可以讓與會者隨時從辦公室取回會議討論中所必需的關鍵性文件。）

會議中有一位不可或缺的人物，稱爲協調人。通常選擇一位能夠從宏觀上把握公司整體業務營運狀況的專家、教授出任。協調人的職責是在必要時，打破會議中出現的僵局、冷場；推動會議各項議題順利展開；尤爲重要的是，鼓勵與會人員自由、坦率地發表各自的看法。

會議開始，由業務主管或者其他某位高級經理介紹具體的業務經營狀況，該業務的優勢與劣勢所在，以及它在奇異公司整體策略佈置中的地位和作用。然後這位主管會離場，並在接下來的一段會議期間被要求迴避。「老闆」的迴避不僅僅是出於會議的需要，而且很清楚，老闆直接與會將危及其本人的形象與地位。

接下來，協調人將大家分成四個小組，每個小組由八到十二個成員組成。四個小組分別在相互獨立但又彼此鄰近的房間開會（協調人建議分組討論應安排在鄰近的房間裏，而不應安排在飯店的不同樓層。這樣的話，協調人就可以很快、很方便地，從一個小組到達另一個小組。）

兩個小組討論同一個問題不是什麼錯誤，但是主持人可以通知兩個小組，他們在解決同一個問題，這樣他們可以決定是否有一組應該轉移到另一個話題上。主持人對討論什麼並沒有否決權，然而就像一個壘球裁判一樣，要保持賽場公平：防止高級雇員主導會談，在房間中欺負其他人。同時，也要像裁判一樣遠遠旁觀，讓出席者的談話占主要地位。

主持人會不時地要求小組加強彼此的聯絡。在會議期間，各組都會彙報情況，這樣每個人都會知道其他人在討論什麼。

會議期間，討論者被要求評價業務的四個方面：

●報告

●會議

哪一個是有意義的，哪一個又是沒有意義的呢？應該除去什麼，又應該保留什麼呢？這些都要讓人們去討論。

第一天露過面以後，老闆——即業務主管或高級代表們就會離開。不但要離開，而且他們被警告不許中途再介入會議，否則他們的職位將受到影響。

協調人在這一階段的工作，是保證討論切入正題，並且確保不要有兩個或更多的小組，停留在同一個議題的討論上。當然，幾個小組討論同一個話題並非什麼大的問題。當討論內容重疊時，協調人只需提醒一下每個組。協調人對於商討的議題選擇沒有否決權。他們就像棒球場上的裁判一樣，作用是防止會場上出現某位與會人員在討論中獨佔上風，或者阻礙別人暢所欲言的局面。像一位優秀的裁判一樣，協調人對會議進程干預越少，表明他們的工作越出色。

從一開始，組織者就意識到，受時間限制，不能將所有問題在會議期間都加以解決。於是他們決定對問題進行排序，以確保那些最重要的問題可以在會議上得到解決。

協調人要求與會者考慮每一項建議實施的難易程度，以及實施後使公司取得的成果是高是低，這樣，我們就將所有的建議分成四類：

1.唾手可得的果實。此類建議最普遍，最易解決。因此易於實施，產出較低。

2.珍貴的珠寶。此類建議中提及的問題易於識別，而實施後所爲公司帶來的成效，遠遠高於第一類建議。

3.高難度建議。此類建議所涉及的問題很難識別，但能爲公司帶來很好的成效。

4.棄之不用。此類議題很難實施，對公司的價值也不大。群策群力的原則是完全拋棄掉此類提議。省下的時間來處理那些並不這麼複雜，而對公司意義更大的議題。

如果一個爲期兩天的群策群力會議，協調人會在第二天請分開的小組再集中在一起，這樣每個人就可以瞭解到其他人討論的內容。然後，會議向老闆做出彙報。沒有人在會期的前兩天做筆記。以威爾許的觀點來看，這只不過是毫無用處的官僚習氣。

只有三種回答的方式

如果會議爲期三天，各小組於第三天的上午會集合在一起。直至第三天的最後幾個鐘頭，老闆才會重新出現在會場。在這最後一天，老闆與員工會有正面衝突，使會議達到了極富戲劇化的高潮場面。兩天以來，老闆一直被隔絕在會場之外，任由員工們剖析公司的業務。到了這時候，員工們有許多想法要對老闆說。

站在房間的前面，老闆難免感到某種壓力。因爲無論大家提出多少建議，老闆總要盡可能地立即給出正面的答覆。過去，老闆走到房間前面會贏得權威和下屬的尊重。現在，站在員工們面前，老闆可能感覺到腳下的地在動搖——這是一種令人不愉快的感覺。然而，老闆必須捺著性子聽下去。

過去的幾天，老闆還一直被蒙在鼓裏，沒有意識到在這些房間裏發生了什麼。很快的，一切都將眞相大白。有些協調人安排不同的人讀出每一項提議。有些協調人則挑選出一個人來讀出所有的提議。重要的是：協調人不應該自己親自宣讀提議，提議必須由員工自己說出來。

在「群策群力」計畫的最後時刻，老闆要給出以下三類答覆中的一種：

1. 當場同意將該項提議付諸實施。
2. 拒絕建議。
3. 要求更多的資訊，實際上推遲了決定。

如果是這樣的話，老闆必須指定一個截止日期，確保在此之前給予答覆。按照慣例，建議的80％立刻就有答覆；如果需要另外的研究的話，經理必須在一個月裏給答覆。

然後，要選一個與會者把所有的建議進行備案（可能有二十五個之多），同時管理層也要決定它的可行性。備案很快分發到所有的與會者手中，由他們確認是否準確地反映了最後一天的進行事項。最後備案還要分發到有關事業部所有的其他人手中。建議和提出建議的人的名字放在一起，他就成爲這條建議的「倡議者」，要追蹤自己的建議，還要隨時通過「群策群力」例會的組織者，向其他與會的人通報進展的情況。

「群策群力」計畫的主持人之一史蒂芬．科爾指出：它的目標是指出具體可行的，而不是模稜兩可的方案。實際上，他不允許有模糊的詞句，例如，「我們想要這個新政策」。他要求與會者盡可能的精確，每一個建議至少要有三種行動方案組成，每一個行動方案都要有一個時限。「群策群力」計畫的主管還會安排一個「除障者」，由他確保在時限之前完成。

群策群力的七個關鍵步驟

1. 選擇要討論的議題。
2. 選擇適當的跨功能小組，負責處理這個問題。
3. 選出一個「捍衛者」（Champion），他必須全程緊盯任何一項「群策群力」計畫建議的執行情形。
4. 小組聚會三天（或兩天半），提出建議，以改善該公司的流程。
5. 與主管們見面。且主管們必須針對每項建議當場作出決定。
6. 有必要的話，再多召開幾次會議以落實建議。

7.讓這些及其他議題與建議能按照流程進行。

群策群力的整體觀點，看上去是反直覺的。幾十年來，老闆們做決策時，從不徵詢員工的意見。事實上，員工提出的建議是受到輕視的，並使他們感到他們的意見不受歡迎。而在群策群力的行動中，員工們被鼓勵——實際上，他們是被督促——向老闆談自己的想法，並針對公司長期存在的問題，提出解決辦法。當員工們對公司事務進行徹頭徹尾的評說時，他們用不著擔心會受到懲罰或是被解雇，因爲老闆在此期間被要求迴避。無論這個思路顯得多麼反直覺，傑克．威爾許都決心去深度嘗試一下。一旦群策群力行動成功，奇異將擁有一套全新的經營方法。而長期受到壓抑的坦誠將得以釋放，奇異必將從這釋放中大大獲益。

群策群力的前提條件很簡單：

- 一線工作人員對於自己的工作，比老闆更瞭解。
- 促使這些員工將他們所掌握的情況和盤托出的最佳方式就是：授予他們更多的權力。

●獲得了更多的權力之後，員工相應的應該對自身的工作負起更大的責任。

隨著群策群力行動取得的巨大成功，奇異在三個方面獲益匪淺：

1. 生產效率大幅提高。
2. 不必要的工作被摒棄。
3. 隨著那些多餘的工作被取消，員工們感到滿意並覺得不再受到拘束。

一九九九年六月，在威爾許看來，群策群力計畫依然在奇異發揮作用，這是顯而易見的。二十世紀九〇年代初期，當群策群力行動已經大規模發起的時候，這位奇異的董事長發現，官僚習氣好像又開始在公司的某些部門蔓延，他認爲到了更新經營策略的時候了。「我們組織體系也許又變得有點兒繁雜無序了，」他建議，「現在應該反思一下，以英特爾爲手段，再次清理簡化我們的組織機構。」因此，一九九九年九月，奇異開始實施一項全新的群策群力方案，威爾許稱之爲「九十天閃電戰」。

第16章 創造員工勇於發言的工作氛圍

最初，當「群策群力」計畫開始實施的時候，主管和員工間的那堵無形高牆依然存在著，阻止自由交流的對話。歷史和傳統的鎖鏈是如此沈重，以致於很難根絕。在過去，員工沒有向老闆提建議的經驗，所以一開始，籠罩著的是一片膽怯的沈默。但漸漸的，「群策群力」的觀念開始被接受了。

這一切都是從有人勇敢地提出一個問題——主管也願意當場回答、改變作法開始的。一旦打破沈默之後，其他的觀眾也就漸漸克服膽怯、紛紛舉手發言了。

「群策群力」計畫在部分奇異的事業中熱門了起來。然而在一開始時，問題也不少。

工會成員向來就對公司主管提出的任何意見，均保持懷疑的態度，很自然地，他們也就以一貫的懷疑眼光來看待「群策群力」計畫。有些人稱這個計畫是「砍殺工作」計畫，或是「裁員」計畫，一心堅信威爾許和他那群高階同事的「群策群力」計畫有更陰險的目標。他們相信，威爾許是想要削減人力，而不是向員工學習如何改善公司。

但不久，這些工會成員——以及其他的參與者——都瞭解到，「群策群力」計畫不是一般的管理流行新口味。他們很快就明白，威爾許在宣布他要將決策權交給員工時是很認眞的。

當然，不是所有的「群策群力」計畫會議都像時鐘一般地規律。在有些會議中，這套計畫就像是員工彼此打小報告的大好機會，糾舉某些人整天看報紙、或「躲在」機器後面不好好工作之類的小事。但在其他會議裏，老闆很快就能抓到了重點。

例如發生在亞曼德．勞森（Armand Lauzon）身上的事便是如此。他是奇異在麻薩諸塞州林恩（Lynn，Masschusetts）的飛機引擎事業工廠的服務部主任。

一〇八條建議

當勞森在「群策群力」會議的第三天，也就是最後一天，受邀進入會議室面對參加者時，他被迫背對著他的老闆，參加者的建議一個接著一個攤在他面前，等待他從三個指定答案中（可，不可，需要多資訊）擇一作答。情況很明顯，他不可能獲得老闆的眼神指示。

那一天，「群策群力」會議小組共提了一百零八個提案給勞森，範圍從設計工廠服務勳章做爲榮譽鼓勵，到設立一個新的錫器店等等不一而足。他當場就接受了一百零八個提案中的一百個提案！其中一個提案，是同意林恩廠員工，可以和外面的商家競標設計研磨機器所用的新型保護裝置；事實是，一位時薪制的員工在一張黃色紙袋上，繪出了保護裝置的設計草圖。結果，林恩廠以一．六萬美元得標，遠低於外面廠商開出的九．六萬美元。這個保護裝置提案，被視爲是「群策群力」計畫理想的成果：替奇異省下了一大筆錢，並幫林恩廠帶進生意。這對林恩可不是小事一樁，因爲裁員的關係，林恩廠的員工數由一九八六年的一．四萬人，變成五年後的只有八千人。

一個電工對於直接面對老闆絲毫不感到恐懼：「當你已經閉嘴二十年後，有人告訴你可以說話了，那麼你就說吧。」那一年，雇員的建議不僅爲奇異節約了近二十萬美元，同時也節約了很多工作。

響尾蛇與大蟒蛇

在一些「群策群力」的例會上，主持人形象地把工作分成兩類：響尾蛇和大蟒蛇。

響尾蛇指一些簡單的問題，能夠像射殺危險的響尾蛇一樣當場解決。大蟒蛇就是指太複雜而不能馬上解決的問題，就像沒有人能夠輕易地消滅大蟒蛇一樣。

有一個一直出版受歡迎的工廠報紙的年輕婦女捲入了「響尾蛇」問題，因爲她遇到了官僚作風的障礙。按照奇異的規定，她每月必須得到七個人的簽名批准，才能出版她的報紙。她動情地申訴自己的苦衷：「你們都喜歡這份報紙，它從沒有受到過批評，它還獲過獎，不知道是憑什麼道理，要得到七個人的簽名批准？」

她的老闆驚訝地看著她：「眞是瘋了，我不知道有這樣的事情。」

「事情就是這樣。」她回答說。

「沒問題，」總經理說，「以後再也不用簽名了。」

這位報紙編輯笑了。

另一個工廠道出了另一個「響尾蛇」的問題：「我已經爲奇異工作二十多年了，我有一個很好的工作記錄，我還得過管理獎，我愛這家公司，它讓我的孩子能夠讀完大學，也給了我一個很不錯的生活標準，但是仍然有一些愚蠢的事我不得不指出。」

這個工人負責操作一種價值昂貴的設備，要求他要帶上手套。手套一個月要破幾次。操作過程中爲了領取手套，他只好叫一位空閒的操作師來頂替一下。但如果沒人的時候，他就不得不把機器關掉，走相當長的距離到位於另一座樓上的供應室，塡一個表格，然後還必須到處尋找一個有足夠權力的管理員簽字，再回到供應室領取手套，爲此常常使他有一個小時不能工作。

「我認爲這是愚蠢的。」

「我也這樣認爲。」總經理說，「我們爲什麼要那樣做呢？」這時房間裏的每一個人都想聽到原因。最後，房間後面傳來了答案：「在一九七三年我們丟過一盒手套。」

「把手套盒子放在人們附近的地板上。」經理這樣命令，又有一條響尾蛇被射殺了。

在紐約州斯奈克塔第的研究中心裏，有一位參加「群策群力」會議的員工詢問，爲何主管們有特別保留的停車位。沒有人能想出好理由，於是這項主管的特權當場被廢止。

在另一個爲奇異的通訊事業所開的「群策群力」會議上，一位秘書提出，爲什麼她必須中斷自己的工作，去取出老闆桌上外送匣裏的文件呢？

爲什麼老闆不可以在離開辦公室時，順手把文件放在她的桌上呢？也沒有人能給她一個好答案，所以這沒有效率的「幾步路」功夫，就從秘書的工作上刪除了——同樣的，也是當場解決。

在另一場奇異的發電事業員工參加的「群策群力」會議上，有人指出，採購部在選購焊接設備時，沒有事先諮詢眞正在使用這個設備的焊接人員，結果常選購了不適合特定工作的設備。爲什麼焊接人員不能加入採購小組，一起去拜訪廠商訂貨呢？

沒有任何的遲疑，主管同意了這個建議。

改變這類的程序——取消刊物所需的七個批准簽字、廢止主管們的停車位特權、或是請求老闆自己帶出該外送的文件——都能立刻執行，不需要太多時間和進一步的研究。但是大蟒蛇就比響尾蛇頑強多了。某次，一條大蟒蛇就出現在發電事業的「群策群力」會議上。

出席會議的是汽輪機製造部、銷售部和服務部的人員。一個來自服務部的工程師抱怨不得不寫那些龐大的、長達五百頁的報告，其中預測了下次斷電時需要更換哪一台汽輪機，所以報告被認為是必要的。

儘管他們為準備報告付出了巨大的努力，卻沒有人注意這些報告，知道這種情況以後，工程師們常常在六個月後才把報告交上去。最後，透過「群策群力」例會的討論，終於取消了這種報告，代之以更具有時效性、同時簡潔明瞭的報告。

而且這一報告必須即時上繳，當然，它們會被實際閱讀。

儘管雇員提出的都是一些細小的、不難解決的問題，「群策群力」計畫卻給他們注入了一種不斷增強的參與感和對自己的良好感覺。

這些不是「密告大會」

確保「群策群力」計畫例會品質的一個重要方面，是保證它不會降格為去發現誰比較懶惰，或者誰痛恨老闆的「告密大會」。

奇異的工會成員逐漸開始感到管理層的動機很誠懇：他們的目標是除去不良的工作習慣，而不是僅僅發現落伍者。威爾許要求奇異的經理，不要著眼於增加「群策群力」會議的次數，以確保額外的時間和精力，應該被用作其他更好的地方。他告訴他們：「不要告訴我你召集了四十次會議，我不想知道。」

如果「群策群力」計畫起到了作用，會通過一個眞正說明問題的指標顯示出來：增長的生產效率。另外還反映在：業務人員在一段時間內取得成功和遭受失敗的比率。一些經理卻只關心有多少次「群策群力」會議。

到了一九九八年的春天，幾乎每位奇異的員工都曾參加過「群策群力」會議。「群策群力」會議找出改善公司的方法，不管議題的大小。如果這個議題的重要性，足以讓員工在會議上提出來，它就値得成爲「群策群力」會議的議題。

肯塔基州的路易斯維爾，是奇異生產大型家電的地方，參加「群策群力」會議的員工，努力尋找改善第一大樓工作環境的方法。第一大樓是生產洗衣機和烘乾機的地方，一到夏天，這裡就變成要人命的蒸籠，即使裝配線上的機器還沒開。員工的建議卻非常簡單：把幾個長年關閉的排氣孔打開（沒有人記得，當初爲什麼要關閉這些排氣孔），再買幾把電扇。爲了營造氣氛，「群策群力」會議的參加者要老闆和他們一起走到停車場，他們在那裏架起了黑板和圖表，而老闆則快融化在正午的大太陽下。熱昏的老闆瞭解員工想表達的意思，很快的就答應要讓第一大樓變得涼快一些。

在公司各處，「群策群力」計畫都攻擊著奇異的官僚體制。在NBC，營運部和技術服務部取消了部門的表格後，一年至少省下二百萬張紙，這兩部門的運作也變得更順暢了。

在賓州艾瑞地區（Erie，Pennsylvania）的奇異火車頭製造廠，一組「群策群力」計畫小組發現，因爲噴漆的工作不連貫，因而常造成工作延遲，甚至要重做。

最後發現，原因是奇異向兩家不同的供應商進貨。於是小組就說服老闆只向一家供應商買漆。現在，一次噴漆工作只要花十個輪班工時，比以前少了二個輪班工時。在奇異金融服務公司，管理蒙哥馬利瓦德（Montgomery Ward）信用卡業務的奇異零售信用服務，應把其現金紀錄直接與奇異的主機連線，這樣一來，在替奇異的新客戶開戶時，時間可從三十分鐘減少到九十秒。

事實證明，有相當一部分「群策群力」例會的建議，實施起來簡單得不可思議。

例如，一個電腦實驗室的技術員指出，從他的部門列印出來的每一個報告，都有十頁左右的打印紙是多餘的。與會者問他是否可以剪掉，他回答說：「只要按一下控制鍵就行。」他的一個經理很友好地問他爲什麼不早告訴經理，他回答，「從沒有人問過我。」

在威爾許看來，這就是「群策群力」的成就：

當我們丟掉了一切的混亂，拿掉層層疊疊的層級和組織架構，也除去了不斷滋生、吵雜又無益的官僚體制時，……我們開始可以深入檢視我們的組織，聽到眞正在做事、眞正參與流程、眞正與顧客接觸的人的心聲。他們對於如何讓事情做得更好，常有許多令人驚喜的想法。

對於開發這樣的創造力、更清楚聆聽這些想法，……並在全公司找出這些想法的渴望的這整個過程，我們稱爲「群策群力」計畫。

「群策群力」計畫包含很多實踐的作法……會議……小組……訓練……，但它的中心目標是「塑造」一種文化——每個人的想法都有價值，……每個人都能參與，……領導人是領導而非控制，……輔導而非管閒事。「群策群力」計畫是開採挖掘創造力和生產力的過程，因爲我們知道美國勞工的豐富潛力，他們是世界上最有創造力，……直率……最有活力、又獨立……的勞工。

在一九九七年夏天，威爾許大力疾呼高度參與，就像他十年前做過的一樣：

一位領導者最重要的事，就是要完全地尋找、珍視和培養每個人的聲音和尊嚴。這是最終極的關鍵因素。因爲如果你在要求員工參與、自我加強、提供想法時，給他們聲音、尊嚴和獎勵。如果你創造出一種接受一切建議的氣氛，那麼一切就都沒問題了。

但很快的，對話隨後就出現在奇異了，事實上是數以千計的對話，而「群策群力」計畫的觀念和作法，就像野火般立刻襲捲全公司。在別的公司也同樣能發生這樣的情形，只需要一點勇氣。沒有哪位事業領導人可以很自在地——至少在一開始時——站在員工面前接受批評，傾聽各種各樣的改革建議。也很少有員工能完全放鬆自在地——至少在一開始時——挑戰老闆。

然而，還是能做到的。奇異就很成功地將決策權開放給全公司而獲至非凡成果。只要想一想，是威爾許讓奇異的營業額由二百五十億增加至九百億（仍在持續增加中），並將奇異改造成全球最有價值的公司。雖然難以量化「群策群力」計畫的金融影響，但多數人仍會堅持，在推動奇異革命、讓數以千計的員工自覺的對公司有份責任，並讓他們覺得公司是眞的想聽聽他們的意見，在這些事情上，「群策群力」計畫都扮演著領導性的角色。試想，如果你的公司也將這股參與感和歸屬感的精神釋放出來，將可能帶來多麼可觀的成果。

第17章　只保留一流的人才

一九九八年一月初。五百名奇異的高級經理在佛羅里達州的Boca Raton集會，舉行爲期兩天的年度會議。會議的高潮當然是傑克．威爾許對公司的評價，和他對奇異面臨的挑戰的觀點。他不僅把會議作爲發佈新觀點的講臺，他也將其視爲向屬下打氣、指引他們走向正確方向和瞭解新的經濟狀況的機會。

可靠的商業定律迎接挑戰

領導奇異走過了它最輝煌的時代，威爾許聽起來總是對過去一年深感滿意，並對未來的一年充滿信心。但今年有所不同。這次，他給他的經理們帶來了壞消息：不是關於奇異的財務業績，因爲和往常一樣，它的表現十分出眾。在一九九七年，奇異的銷售收入、利潤和每股收益，都創紀錄地實現了兩位數的增長。奇異的股票在一九九七年狂漲了48％，這已是連續第三年成長率超過40％。

一九九七年底，奇異的董事長已經發現國際經濟出現了困難。它進入了以生產能力過剩和價格下跌爲特徵的通貨緊縮期。

自從八〇年代初他正確發現了來自國外競爭的壓力高漲後，威爾許從來沒有像現在這樣對經濟如此擔心。但他已經準備好了，利用他十七年來屢試不爽的、實踐證明可靠的商業定律迎接挑戰。

在認識到通貨緊縮將成爲奇異一九九八年面對的主要經濟問題後，威爾許自己進行了調整以面對現實。面對新的商業環境，威爾許相信他必須採取猛烈的步驟，以對付出現的危機。儘管經濟狀況在惡化，威爾許沒有退縮。他致力於改革，明白只有這樣才能使奇異永遠走在問題的前面。掌握了新的經濟現實後，威爾許準備進行勇敢的行動。

不管威爾許在九〇年代初曾對美國和歐洲的經濟是多麼的樂觀，現在他都堅信，美國新的通貨緊縮和一九九七年亞洲經濟危機，都表明經濟狀況在惡化。像通常一樣，威爾許並不害怕告訴他的經理們新的現實，他甚至稱經濟狀況是「我們大多數人所曾面對的最困難的狀況」。

儘管存在很多理論解釋亞洲經濟波動的原因，威爾許認爲最重要的因素，是一九九四年中國的貨幣貶值，這改變了國際競爭的格局。儘管大多數消息都是壞的，還是有個好消息使奇異聊感欣慰：它可以更便宜地出口在中國生產的電燈泡。

不管危機的眞正原因是什麼，對奇異和美國經濟其他部門的影響都是顯而易見的，這就是過量的生產能力。「幾乎每個人都在生產超過消費能力的商品」，他告訴他的經理們，「這不是好現象」。隨著亞洲經濟的崩潰，歐洲和日本的貨幣也貶値了。威爾許告訴他的經理們，這對世界經濟產生的最終影響是，美元相對於工業化的亞洲日益走強；德國和日本正變成更大的全球出口商；隨著生產能力的過剩，銷售價格的壓力越來越大。因此，威爾許預測美國經濟將出現低通脹率和低增長率。美國市場成爲對競爭力不斷增強的低匯率國家的最有吸引力的國家，美國面臨的進口壓力會越來越大。對工業，尤其是對奇異的影響主要有：

> 股價管理（Price-share management）從來沒有變得如此重要。從來沒有。生產力對於應付這種價格壓力是至關重要的。資產變得越來越不值錢，而不是更值錢。因此，資產效率、存貨周轉、應收賬款周轉都要改進。P和E（工廠和設備支出）都要更認眞地進行管理。……我們必須擴展在全球的市場，像歐洲，在這裡我們能夠取得勝利。

變壓力為動力

威爾許預計，隨著美國進口的增長，奇異每個人將面臨著更大的壓力。現在不是增加新的成本的時機。他呼籲他的經理們趕緊重組他們新購進的公司。

威爾許命令經理們重新整理三個月前編製的預算，以考慮新的通貨緊縮的環境，這也表明了他把亞洲的崩潰及其對世界經濟的影響看得是多麼重要。威爾許的命令，使人們可以看出奇異能夠——而且也確實做到了——迅速對外部環境做出反應。他要求在一月底送來一頁報告（「我們不需要一本書」），淨收入應保持不變，但他要經理們從「不同的地區」實現這些數字，一個「反映根據當今現實制定的計畫。而不是三個月前制定預算時的現實。考驗我們的不是能夠比別人提前幾個月發現通貨緊縮……，考驗我們的是我們能夠多快地做些什麼。這不是一個智力測驗。它是收集資料並在『球賽』開始前立刻採取行動」。

雖然奇異進入了十年間最困難的經濟環境，威爾許仍堅持要求經理們努力工作，以實現他們的財務承諾：

一九九八年，奇異的主管不准說的話是：「價格比我們想像的要低，我們無法再把成本壓低以實現我們的責任。」這種行爲之所以不能接受——因爲價格既然比計畫的要低，因此你最好這一周就採取行動。我們還有時間。我們的歐洲公司將會在一九九八年提供很大的幫助。我們的服務和收購將會給我們提供眞正的增長。「六個標準差」質量也是克服壓力的一條途徑，必須以「六個標準差」來界定、取捨我們做的一切事。因爲不會雇傭沒有「無界限」觀念的人，我們在九〇年代初解雇了一些沒有此觀念的主管，同樣的，將來我們對質量問題也會採取類擬措施。

任何不全心全意投入「六個標準差」的人，任何不致力於質量承諾的人，在下個世紀都不會再出現在我們公司中。

威爾許感到還有必要提到一下團結的問題。對於威爾許和其他奇異的官員來說，越少說、少寫公司團結的問題越好。所以，威爾許提及團結的問題非常重要，這使經理們感到每個人都要誠實：

奇異擁有世界第一的聲譽，這使它成爲最佳的收購目標。我們最近進行了大量的收購。接收了成千上萬的新員工。他們來自不同的背景和文化，你必須做出榜樣。進行這些收購會給你帶來新的問題。這些問題不能逃避，也沒有其他的途徑。你必須正面迎接它的挑戰。我們正面臨著新的競爭環境，這使事情更難做了。每個行業都出現生產能力過剩，因此壓力也越來越大，我們有了新員工——所有這些都會帶來困難，對於你們中和這些新員工一起工作的人，更是要首先解決這個問題。

伴隨著威爾許對於團結問題的強調，律師們之間對「消費者保護」法的新熱點問題展開了討論，該保護法管轄公司和消費者之間的交易，包括廣告索賠、產品警告和消費信貸要求等。越來越多的律師對像奇異這樣的公司未能遵守該法提起訴訟。因此，威爾許想讓奇異的各個部門的人都明白，奇異要無條件遵守該法的條文和精神。他想避免奇異的人被發現不太誠實時所帶來的負面影響：

> 新聞界盯著它。首席檢察官盯著它。看起來是正常的東西，看起來是標準的做法，但是由那些看起來很無辜的人們引起的悲劇，而事情又不能由他們控制，招致公司受損、事業受損、家庭受到傷害，身敗名裂，不啻於一道閃電。因此你不能讓

它發生，消費者保護法就在那兒，它帶來的巨大壓力，會影響到每一個企業。我們不是在這兒監視你。我們只是要指出你的價值的核心——確保你們中的每一個人，不會因爲違反團結的原則而侵犯坐在你旁邊的人。

有效地利用權力

威爾許在面對嚴重的危機時，總是不談他耳熟能詳的策略，諸如「改革、關閉或出售」，而是選擇一個他認爲對奇異更重要的話題來談：奇異員工的質量。

在面臨壓力時，他希望他的經理們有勇氣，並且願意只雇用和保留表現最好的雇員，那些在每天的工作中都能拿到「超級盃」的人。

他知道他是在對適當的聽衆講這次重要的話。坐在他面前的，是手中掌握著成千上萬的奇異員工命運的人。他們手中握著生殺大權。威爾許希望他們不要害怕使用這個權力，而是要有效地加以利用。他希望他們把那些表現不合標準的人都趕走。

一連幾週，商業媒體都在猜測奇異要發生什麼大事：它又任命了重組總監督（Master of Restructuring），又一輪的裁員要開始了。然而，直到威爾許在Boca Raton

對他的五百名經理們講話之後，還沒人知道報導是否眞實，或者威爾許究竟在想些什麼。現在，瞭解了新的經濟現實，這位首席執行長強烈地感到，僅讓經理們重新進行預算已經不夠了。

現實狀況是太殘酷了，如果奇異要保持它的競爭力，就必須任命最優秀的人，在這個新的波動的經濟環境中發號施令。因此，威爾許號召所有的經理，都要確保奇異只要表現最好的員工，並裁掉那些不能符合奇異標準的員工。

一月的那個晴朗的早晨，出現在Boca Raton的威爾許，已全然不是總結公司一九九七年業績的那一個人。他似乎在做新年總動員：我必須更殘酷些。經濟環境就是如此，而且還會持續一段時間。我必須以一種新的眼光看待這個公司。我必須確保我得到了最好的隊伍。

因此，他號召經理們以一種冷酷、認眞的態度，審視他們的員工，做出一些冷酷、認眞的決定：

我想提醒你們，我觀念中的管理領導藝術是什麼。它只是跟人有關。只是要得到最優秀的員工。沒有最好的運動員，你就不會有最好的體操隊、排球隊或橄欖球隊。對於企業隊伍也是如此。市場會像取得超級杯的勝利或奧運會金牌那樣回報你。我知道我有最好的運動員。我沒有三流貨。這些年來我曾經有過一些，但現在沒有了。你們也能這樣說嗎？你能把你的隊伍和我的相比嗎？你對每個下屬都滿意嗎？如果不是這樣，你就不會贏。擁有二流或者三流的工程師，成天無所事事，不圖上進，趕不上潮流，你就不會成爲勝利的工程隊總經理。同樣的，你也不會成爲勝利的銷售部總經理……。擁有二流或者三流的員工，無法提高資產運轉，不能從「六個標準差」中得到生產能力，不能把智力資本投入到企業中，你作爲製造廠廠長，就無法生存下去。你們每個人在離開Boca時，都要保證你們只有最好的員工在隊伍中，只有一流的，很少二流的，沒有三流的。

幾千名奇異的員工都注意到，公司的主管對怠工者採取的行動不夠厲害，對此，威爾許說：

讓我們改變這種觀念。給人們一片發揮能力的天空。讓重要的工作做得最好。我們將要面對的世界，要求你們每個人都要不斷的提高績效標準。當你還就了今天的三流員工，新的就會加入進來，因爲標準改變了。你們必須比過去要求得更嚴，很多今天的二流，可能會成爲明天的三流。如果你提高了標準，他們就不會了。你要給每個人施加壓力，使之發現那些充滿活力、高智商的、敢於勝利的運動員，……你必須有勇氣解雇那些不是最好的、和稀泥的員工。你必須有勇氣只雇用那些最優秀、最聰明和最有潛力的員工。

一流人才的標準

像過去一樣，威爾許又一次利用一九九七年給股東的信，描述了他想要用以幫助奇異經營的企業領導的形象——成爲一流人才的那些人：

在領導崗位上，一流人才是那些擁有一個理念，並能夠把它強烈地、清楚地推廣給他的屬下，直至變成他們的理念的人。

一流的領導人應有無窮的個人能量，除此之外，他還能夠鼓動其他人，發現他們中最優秀的分子。

一流的領導人還要有些「鋒芒」：有本能和勇氣解雇人——堅決的，但也要絕對公正合理。

隨著奇異跨入二十一世紀，威爾許聲稱，公司在每一個領導崗位上只保留一流的人才：

他們是世界上最優秀的，他們只雇用那些一流的員工。最好的領導人——一流的——實際上是教練。哪一個想獲勝的教練，不想在自己的奧運會游泳隊或體操隊或超級板球隊中，擁有最好的運動員呢？同樣地，哪一個稱職的企業領導，不考慮自己的隊伍裏擁有最棒的員工呢？

一流的員工是什麼樣的呢？

例如，在財務部門，一流員工是那些擁有傳統的審計才能，但不僅限於此種才能的人。更重要的是能夠推動企業、贏得市場的全面型人才——這比以前的費時、無用的預算「訓練」和數豆子的工作要重要多了。

工程部的領導……

是那些能夠理解「六個標準差」設計方法的人。一個工程師不能只想著在實驗室裏「解決問題」，還要跟上技術進步的步伐，不斷地培訓自己以跟上世界領先水平。

在製造部門，一流人才是那些瞭解「六個標準差」技術的人……

他們認爲存貨是令人尷尬的，特別是在目前通貨緊縮的環境中——他們瞭解如何加快資產周轉、減少存貨，同時更主動地爲客戶提供服務。

最後，在銷售部門，一流人才能夠利用「六個標準差」質量行動產生的大量消費者價值，來使奇異在競爭對手中脫穎而出，發現新的客戶，並更新和拓展老客戶。他們和三流員工完全不同……

他們只會整天因循守舊地訪問那些老的客户「朋友」。

人才考評

雇用最傑出的人，並確保那些眞正有用的人才盡可能、儘快地得到提拔。這正是傑克．威爾許認爲他在奇異所做的最重要的事。

他是如何去做的呢？他看重人們的哪些方面呢？他是怎樣花時間去充分瞭解奇異的人事情況，以至他能夠仔細而深刻地對此進行評價？

威爾許在工作中，到底花費了多少時間在人力資源方面？的確很多。他總是說，他比任何他的同事或其他奇異事業部的領導人，花費了更多的時間在人事問題上。

在每年的四月，你不會在奇異的費爾菲爾德總部看到傑克．威爾許。其時，他正在外面研究人才，同他的高層管理者商榷，爾後快速做出決策，目的只有一個，那就是提升最好的人才，並且保證使他們得到獎勵。威爾許制定了一個年度的人事考評計畫，其內容是對奇異的智力資本進行密切關注。爲了貫徹此項考評，他做了充分準備。

這項年度考評被稱做「C會議」，關於這一點，奇異中沒有人知道爲何這樣稱謂。這個會議將斷斷續續開上二十天，直到五月份。乍聽起來，這一段時間是這位董事長最大的一筆時間投資了，確實也如此。但他確信這段時間的付出是有價值的。沒有什麼比評價他的經理們，和讓其中的最傑出者得到合適的鼓勵和獎賞更爲重要的了。

C會議於每年二月份開始，這時候，每一位奇異雇員要塡寫一份自我評價表，然後他或她就去同經理討論，之後這位經理要將一份評估意見上交一級級的管理層。這份自我評價對奇異的雇員來說，確實是一項棘手的任務。坦率誠實是起碼的要求，但我們中有多少人願意承認：我們沒有在做管理層想要我們去做的工作？

威爾許和他的副董事長以及高級人力資源部門的負責人，在各個事業部的總部會見各事業部的負責人。一般要在一個事業部花上一個整天的時間，對奇異資本事業部則要花上兩天。威爾許和他的高級助手，也會同這些事業部裏的掌管人力資源的高級主管會面，這位董事長當然也可以輕易地招呼這些主管去費爾菲爾德，這樣會務準備對他來說就十分簡單了。但他寧願親自去這些事業部的所在地，在這些負責人自己的地盤上同他們交流。

近二千五百名行政主管及其之上的管理人員，都要在這些會議上接受考核。對威爾許來說，是一件令人筋疲力竭的事，但也經常令他興奮。他經常告訴別人說，他雖然不知道怎樣製造一個飛機發動機，或是製作一個《聖菲爾德秀》節目，但如果這樣他能夠選用和提拔最佳人才的話，這些缺陷就算不了什麼。

在這些會議上，沒有關於薪水的討論，這項討論將會在較晚的時候進行。現在關鍵的問題是評價。威爾許和他的同僚會問他的事業部領導人許多問題。

誰要退休？

你打算提拔誰？

誰應該參加克羅頓維爾的經理培訓班？

C會議的過程對威爾許是如此的重要，以致使他花去二十多天的時間，去發掘最好的事業部領導人。事實上在全年中，他都在思索著這一問題並做到心中有數。

在C會議上，威爾許和他的高級同僚將全部的注意力，放在各個事業部的人力資源方面的工作上。對威爾許來說，沒有什麼東西——既不是經營策略，也不是公司創新力——比確保最合適的人得到選用和提拔更爲重要的事了。實際上，威爾許堅持這樣一個觀點：如果他不能做好人力資源方面的工作——員工和領導藝術，那麼經營策略和價值觀就會一文不值。

除此之外，威爾許要求他的事業領導人，要儘量將事情簡單化。他強調，管理不必過度複雜化，因爲其實商業一點也不複雜。

國家圖書館出版品預行編目資料

贏在奇異：威爾許的管理智慧 / 王奕尹編著. --
初版. -- 新北市：華夏出版有限公司, 2023.08
面； 公分. --（Sunny 文庫；287）
ISBN 978-626-7134-83-2（平裝）
1.CST：領導論 2.CST：組織管理

494.21 111021614

Sunny 文庫 287
贏在奇異：威爾許的管理智慧

編 著 王奕尹
印 刷 百通科技股份有限公司
電話：02-86926066 傳真：02-86926016
出 版 華夏出版有限公司
220 新北市板橋區縣民大道 3 段 93 巷 30 弄 25 號 1 樓
電話：02-32343788 傳真：02-22234544
E-mail： pftwsdom@ms7.hinet.net
總 經 銷 貿騰發賣股份有限公司
新北市 235 中和區立德街 136 號 6 樓
電話：02-82275988 傳真：02-82275989
網址：www.namode.com
版 次 2023 年 8 月初版一刷
特 價 新台幣 360 元（缺頁或破損的書，請寄回更換）

ISBN-13： 978-626-7134-83-2